Libellules et Demoiselles de Madagascar et des Îles de l'Ouest de l'Océan Indien / Dragonflies and Damselflies of Madagascar and the Western Indian Ocean Islands

Klaas-Douwe B. Dijkstra & Callan Cohen

Traduction par / Translations by Vanessa Aliniaina & Vincent Nicolas

Association Vahatra
Antananarivo, Madagascar

2021

Publié par l'Association Vahatra
BP 3972
Antananarivo 101
Madagascar
malagasynature@gmail.com & associat@vahatra.moov.mg

© 2021 Association Vahatra.
© Elaborations graphiques par Klaas-Douwe B. Dijkstra.
© Photos en couleur par Mike Averill, Phil Benstead, Allan Brandon, Lucia Chmurova, Hans-Joachim Clausnitzer, Callan Cohen, Paul Cools, Klaas-Douwe B. Dijkstra, Dennis Farrell, Alain Gauthier, Bernhard Herren, Axel Hochkirch, James Holden, Jens Kipping, Wil Leurs, Martin Mandak, Alan Manson, Dominique Martiré, Erland Nielsen, Dennis Paulson, Michael Post, Katharina Reddig, Julien Renoult, Pia Reufsteck, Stephen Richards, Saurabh Sawant, Kai Schütte, Harald Schütz, Andrew Skinner, Dave Smallshire, Netta Smith, Warwick Tarboton, Damien Top, Julien Vittier, Bart Würsten & Michel Yerokine.

Editeurs de série : Steven M. Goodman & Marie Jeanne Raherilalao

Tout droit réservé. Aucune partie de la présente publication ne peut être reproduite ou diffusée, sous n'importe quel format, ni par n'importe quel moyen électronique ou mécanique, incluant les systèmes d'enregistrement et de sauvegarde de document, sans la permission écrite des éditeurs.

ISBN 978-2957099726

Photo de la couverture : *Proplatycnemis pseudalatipes*, Cliché par Allan Brandon
Page de couverture, design et mise en page par Malalarisoa Razafimpahanana

La publication de ce livre a été généreusement financée par une subvention de la Fondation de la Famille Ellis Goodman

Imprimerie : Précigraph, Avenue Saint-Vincent-de-Paul, Pailles Ouest, Maurice
Tirage 800 ex.

Objectif de la série de guides de l'Association Vahatra sur la diversité biologique de Madagascar

Au cours de ces dernières décennies, des progrès énormes ont été réalisés concernant la description et la documentation de la flore et de la faune de Madagascar, différents aspects des communautés écologiques ainsi que de l'origine et de la diversification des myriades d'espèces qui peuplent l'île. De nombreuses informations ont été présentées de façon technique et compliquée, dans des articles et des ouvrages scientifiques qui ne sont guère accessibles, voire hermétiques à de nombreuses personnes pourtant intéressées par l'histoire naturelle. De plus, ces ouvrages, uniquement disponibles dans certaines librairies spécialisées, coûtent chers et sont souvent écrits en anglais.

Des efforts considérables de diffusion de l'information ont également été effectués auprès des élèves des collèges et des lycées concernant l'écologie, la conservation et l'histoire naturelle de l'île, par l'intermédiaire de clubs et de journaux tel que "Vintsy", organisés par WWF-Madagascar. Selon nous, la vulgarisation scientifique est encore trop peu répandue, une lacune qui peut être comblée en fournissant des notions captivantes sans être trop techniques sur la biodiversité extraordinaire de Madagascar. Tel est l'objectif de la présente série où un glossaire définissant les quelques termes techniques écrits en gras dans le texte, est présenté à la fin de la première partie du livre.

L'Association Vahatra, basée à Antananarivo, a entamé la parution d'une série de guides qui couvrira plusieurs sujets concernant la diversité biologique de Madagascar. Nous sommes vraiment convaincus que pour informer la population malgache sur son patrimoine naturel, et pour contribuer à l'évolution vers une perception plus écologique de l'utilisation des ressources naturelles et à la réalisation effective des projets de conservation, la disponibilité de plus d'ouvrages pédagogiques à des prix raisonnables est primordiale. Nous introduisons par la présente édition le neuvième livre de la série, concernant les libellules et les demoiselles de la région malgache.

Association Vahatra
Antananarivo, Madagascar
15 avril 2021

*Klaas-Douwe et Callan dédient cet ouvrage à ceux sur les épaules desquels ils s'appuient. Certains sont sur la photo à la page suivante : **Dennis Paulson** a fait plus que quiconque pour vulgariser les libellules, surtout en Amérique du Nord ; **Dave Smallshire** vient de publier l'un des meilleurs guides photo d'Europe ; **Erland Nielsen** a parcouru le monde pour photographier toutes les espèces pour des livres comme celui de Dave et le nôtre. Il y en a beaucoup d'autres, comme **Warwick** et **Michèle Tarboton**, qui ont incité les Africains à s'intéresser aux libellules, ou **Viola Clausnitzer**, qui a assuré à ce que cet ordre d'insectes soit le premier à être complètement évalué pour la Liste rouge des espèces menacées de l'UICN. En effet, nous remercions ainsi tous les passionnés de libellules, et donc tout le monde sur la photo ci-dessous : ensemble, vous rendez la vulgarisation des libellules à la fois possible et utile. Callan dédie également ce livre à ses fils, **Finn** et **Storm**. « Les confinements associés au coronavirus nous ont donné le temps pour terminer ce livre, mais nous ont également tenu bloqués sur différents continents pendant la plus grande partie de l'année. Vous me manquez tous les jours. Amour, Papa ». / Klaas-Douwe and Callan dedicate this book to those on whose shoulders they stand. Some are in the photo on the next page: **Dennis Paulson** has done more to popularize dragonflies than anyone, especially in North America; **Dave Smallshire** just published one of the finest photo guides to Europe; **Erland Nielsen** roved the world over to shoot every species for books like Dave's and ours. There are many others, like **Warwick** and **Michèle Tarboton**, who made Africans look at dragonflies, or **Viola Clausnitzer**, who ensured that this insect order would be the first to be assessed completely for the IUCN Red List of Threatened Species. Effectively, therefore, we thank every dragonfly enthusiast, and thus everyone in the photo below: together you make the popularization of dragonflies both possible and worthwhile. Callan also dedicates this book to his sons, **Finn** and **Storm**. "The coronavirus lockdowns allowed me the time to finish this book, but also kept us stranded in different continents for the greater part of a year. I miss you every day. Love, dad".*

Les participants au voyage pour l'observation des libellules 2016 à Madagascar, organisé par les auteurs et Phil Benstead, au cours duquel de nombreuses photographies dans ce livre ont été prises. A l'avant : Phil Benstead. Centre (de gauche à droite) : Gilbert Rasolonjatovoniaina, Eliaba Radimilahy, Jay Withgott et Erland Nielsen. A l'arrière-plan (de gauche à droite) : Alain Gauthier, Klaas-Douwe B. Dijkstra, Dennis Paulson, Fidson Albert, Michael Post, Susan Masta, Ron Pera, Sue Smallshire, Netta Smith, Allan Brandon, Pam Taylor, Dave Smallshire, Sheila Pera, Andrianjaka Ravelomanana, Joséphine Florentine Raveloharisoa et Mike Averill. / Participants in the 2016 dragonfly-watching trip to Madagascar, organized by the authors and Phil Benstead, during which many of the photographs in this book were taken. Front: Phil Benstead. Center (left to right): Gilbert Rasolonjatovoniaina, Eliaba Radimilahy, Jay Withgott, and Erland Nielsen. Back (left to right): Alain Gauthier, Klaas-Douwe B. Dijkstra, Dennis Paulson, Fidson Albert, Michael Post, Susan Masta, Ron Pera, Sue Smallshire, Netta Smith, Allan Brandon, Pam Taylor, Dave Smallshire, Sheila Pera, Andrianjaka Ravelomanana, Joséphine Florentine Raveloharisoa, and Mike Averill.

TABLE DES MATIÈRES / TABLE OF CONTENTS

Remerciements / Acknowledgements 2

Partie 1. Aperçu de la faune régionale des odonates / Part 1. An overview of the regional Odonata fauna 4
- Introduction / Introduction 4
- Diversité et endémisme / Diversity and endemism................................... 10
- Historique / History 15
- Conservation / Conservation 17
- Trouver des odonates / Finding Odonata 19
- Collecter des adults / Collecting adults.. 23
- Collecter des larves et leurs peaux / Collecting larvae and their skins....... 29
- Identification / Identification 31
- Glossaire définissant les termes utilisés / Glossary of terms..................... 40

Partie 2. Les odonates de la Région malgache / Part 2. The Odonata of the Malagasy Region 46
- Introduction / Introduction 46
- Demoiselles – Zygoptera / Damselflies - Zygoptera.................................. 47
- Libellules vraies – Anisoptera / True dragonflies – Anisoptera 89

Références / References 184
Index / Index 189

Remerciements

Cet ouvrage a été imaginé en novembre 2014, quand Klaas-Douwe B. Dijkstra s'est joint à un voyage dirigé par Callan Cohen à Madagascar. Dans la foulée, lors de la formation sur terrain organisée par la Tropical Biology Association à Kirindy (CNFEREF), l'ouvrage est devenu réalité une fois que Steve Goodman a exprimé, au nom de l'Association Vahatra, le souhait de le publier dans la série d'ouvrages de l'Association. Le projet a vraiment pris de l'élan après que Phil Benstead ait lancé le voyage inaugural de sa companie Odonatours à Madagascar en janvier 2016 sous la direction de Klaas-Douwe B. Dijkstra et organisé par Callan Cohen via sa compagnie de voyage, Birding Africa.

Klaas-Douwe B. Dijkstra a reçu de l'aide pour la rédaction de la part de JRS Biodiversity Foundation et de différents participants de ce voyage : Mike Averill, Allan Brandon, Susan Masta, Erland Nielsen, Dennis Paulson, Ron et Sheila Pera, Michael Post, Dave et Sue Smallshire, Netta Smith, Pam Taylor et Jay Withgott. Ces personnes, ainsi que les participants honoraires comme Alain Gauthier et Andrianjaka Ravelomanana, qui ont fait de ce voyage de 2016 un grand succès. De nombreux clichés utilisés dans cet ouvrage ont été pris lors de ce voyage. La liste complète des photographes est présentée dans la première partie du livre. Des informations additionnelles ont été fournies par Charles Anderson, Johannes Bergsten, Terence Mahoune et Andreas Martens. Emilio Insom et

Acknowledgements

This book was conceived in November 2014, when Klaas-Douwe B. Dijkstra joined a tour Callan Cohen was leading around Madagascar. At the subsequent Tropical Biology Association field course at Kirindy (CNFEREF) the idea became reality, when Steve Goodman on the behalf of Association Vahatra expressed the wish to publish it in the association's series. The project gained momentum after Phil Benstead organized the inaugural tour of his company Odonatours in January 2016 on Madagascar, led by Klaas-Douwe B. Dijkstra and organised by Callan Cohen with his tour company Birding Africa.

Support for the write-up was provided to Klaas-Douwe B. Dijkstra by the JRS Biodiversity Foundation and tour participants Mike Averill, Allan Brandon, Susan Masta, Erland Nielsen, Dennis Paulson, Ron and Sheila Pera, Michael Post, Dave and Sue Smallshire, Netta Smith, Pam Taylor, and Jay Withgott. They and honorary attendees Alain Gauthier and Andrianjaka Ravelomanana made the 2016 trip a great success. Many of the photographs used herein were taken during this tour. The full list of photographers is presented in the front section of the book. Additional information was provided by Charles Anderson, Johannes Bergsten, Terence Mahoune, and Andreas Martens. Emilio Insom and Fabio Terzani allowed us to include the claw character for *Phaon rasoherinae*. We are grateful to Vincent Nicolas who

REMERCIEMENTS / ACKNOWLEDGEMENTS

Fabio Terzani nous ont permis d'inclure les caractéristiques des griffes de *Phaon rasoherinae*. Nous remercions Vincent Nicolas qui a préparé la liste des noms d'espèces en français.

L'évaluation de la biodiversité d'eau douce conduite par Will Darwall, Laura Máiz-Tomé et Catherine Sayer pour l'Unité de la biodiversité d'eau douce de l'UICN, avec le financement du Critical Ecosystem Partnership Fund en 2016-2017, a permis à Kai Schütte de finir l'évaluation de la Liste Rouge des Odonates de la partie ouest de l'océan Indien. L'atelier final de ce projet ainsi que la réunion du lancement de « Insects and People in the Southern Indian Ocean » (IPSIO), initié par Brian Fisher avec le support de CEPF en janvier 2017, ont permis à KD de finaliser le texte de cet ouvrage. Ce dernier a été publié avec le support de Ellis Goodman Family Foundation pour l'Association Vahatra à travers le Field Museum of Natural History.

Callan Cohen est venu plus de 25 fois à Madagascar depuis 1999 et aimerait remercier tous ceux qui l'ont accompagné et qui ont rendu ses voyages possibles ; avec une mention particulière pour Deirdre Vrancken et Emile Rajeriarison, ainsi que pour tous ceux de Birding Africa, de même pour Klaas-Douwe B. Dijkstra et Phil Benstead pour leur contribution sur les libellules.

prepared the list of French species names.

The freshwater biodiversity assessment coordinated by Will Darwall, Laura Máiz-Tomé, and Catherine Sayer of the IUCN Freshwater Biodiversity Unit and funded by the Critical Ecosystem Partnership Fund in 2016-2017 allowed for the Red List assessment for the western Indian Ocean Odonata to be completed. The final workshop of this project and the founding meeting for Insects and People in the Southern Indian Ocean (IPSIO), initiated by Brian Fisher also with CEPF support, in January 2017 enabled KD to complete the text. The booklet was published with support from the Ellis Goodman Family Foundation to Association Vahatra via the Field Museum of Natural History.

Callan Cohen has made over 25 trips to Madagascar since 1999 and would like to thank all he has travelled with and who made this possible, with special thanks to Deirdre Vrancken and Emile Rajeriarison, all those at Birding Africa, and to Klaas-Douwe B. Dijkstra and Phil Benstead for their input on the dragonflies.

PARTIE 1. APERÇU DE LA FAUNE RÉGIONALE DES ODONATES

INTRODUCTION

Les libellules sont des insectes facilement observables qui sont sensibles à la qualité de leurs habitats aquatiques et terrestres ; ce qui permet de les classer parmi les meilleurs indicateurs environnementaux (22). Les vraies libellules appartiennent au sous-ordre des **Anisoptera** et forment avec les demoiselles du sous-ordre des **Zygoptera** les insectes de l'ordre des Odonata. Cet ouvrage offre un aperçu d'au moins 191 espèces de ces deux sous-ordres que nous savons exister à Madagascar, ainsi que de 36 espèces additionnelles issues de l'Archipel des Comores, des Mascareignes et des Seychelles (y compris le groupe d'Aldabra) (Tableau 1). Ensemble, ces différentes îles constituent la **Région malgache** (Figure 1).

Presque 80 % des 227 espèces traitées ici (soit 180 espèces) se rencontrent uniquement dans la Région malgache. Etonnamment, au moins 50 de ces espèces n'ont plus été observées depuis leurs découvertes initiales ; les rendant, par déduction, rares, peut-être menacées d'extinction, voire déjà éteintes. La plupart des espèces endémiques se limitent aux forêts naturelles, ce qui est préoccupant puisque la couverture forestière à Madagascar a diminué de 40 % depuis la deuxième moitié du 20ème siècle (37). Cela souligne particulièrement pourquoi il est important de faire avancer rapidement l'étude des odonates de la

PART 1. AN OVERVIEW OF THE REGIONAL ODONATA FAUNA

INTRODUCTION

Dragonflies are conspicuous insects that are sensitive to both aquatic and terrestrial habitat quality, making them among the best environmental sentinels (22). The true dragonflies belong to the suborder **Anisoptera**, which together with the damselflies of the suborder **Zygoptera** make up the insect order Odonata. This book offers an introduction to the at least 191 species of both suborders known to us to occur on Madagascar, as well as the 36 additional species in the archipelagos of the Comoros, Mascarenes, and Seychelles (including the Aldabra group) (Table 1). Together, these different islands make up the **Malagasy Region** (Figure 1).

Almost 80% of the 227 species treated herein (i.e. some 180 species) occur only in the Malagasy Region. Rather strikingly, at least 50 of these species have not been recorded since their original discovery and by extrapolation are rare, may be threatened with extirpation, or already extinct. Most endemics are restricted to native forest, a foreboding aspect as forest cover on Madagascar has decreased by 40% in the second half of the 20th century (37). This further underlines why the study of the region's Odonata needs to advance quickly. Due to this extreme data deficiency and habitat loss, the discrepancy between the known and

PARTIE 1. APERÇU DE LA FAUNE RÉGIONALE DES ODONATES / PART 1. AN OVERVIEW OF THE REGIONAL ODONATA FAUNA

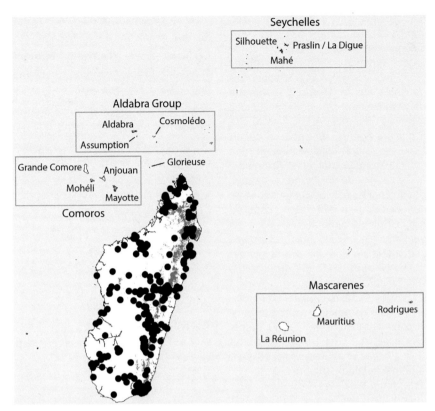

Figure 1. Carte de la **Région malgache** montrant les sites des odonates observés et référencés dans la base de données utilisée ici avec l'étendue actuelle de la forêt humide de Madagascar et des îles formant l'archipel régional – Les Comores avec la Grande Comore (Ngazidja), Anjouan (Nzwani), Mohéli (Mwali) et Mayotte (Maoré) ; les îles Mascareignes avec Maurice, La Réunion et Rodrigues ; les Seychelles avec les îles granitiques Mahé, Praslin, Silhouette et La Digue ; ainsi que les îles coralliennes Aldabra, Assumption, Glorieuse et Cosmolédo. (Image de Kai Schütte.) / **Figure 1.** Map of the **Malagasy Region** showing the sites of databased Odonata records used herein and the recent extent of humid forest on Madagascar and the islands making up the regional archipelagos – the Comoros with Grande Comore (Ngazidja), Anjouan (Nzwani), Mohéli (Mwali), and Mayotte (Maoré); the Mascarenes with Mauritius, La Réunion, and Rodrigues; and the Seychelles with the granitic islands Mahé, Praslin, Silhouette, and La Digue and the coral islands Aldabra, Assumption, Glorieuse, and Cosmolédo. (Image by Kai Schütte.)

région. A cause des grandes lacunes dans les données et des immenses pertes en habitats, l'écart entre le nombre connu et le nombre suspecté d'espèces en danger n'a jamais été aussi importantes que dans ces îles, and suspected number of threatened species is nowhere on Earth greater than on these islands, and an imminent and comprehensive reappraisal of these "lost sentinels" is needed (12).

d'où la nécessité d'une réévaluation immédiate et complète de ces « sentinelles perdues » (12).

Cet ouvrage offre des bases pour une nouvelle appréciation des odonates de la **Région malgache** en synthétisant les connaissances acquises jusqu'ici. Ainsi, il doit être considéré comme un point de départ pour de futures recherches et non comme un traité final sur la taxonomie et l'écologie de la faune régionale. Etant donné cet objectif, nous ne donnons pas d'information détaillée sur la biologie générale des espèces mentionnées. Trois faits essentiels permettent de comprendre la plupart de leurs mœurs : 1) Toutes les espèces sont amphibiotiques, donc les œufs et les larves se développent dans l'eau tandis que les adultes vivent sur terre et dans les airs (Figure 2) ; 2) Toutes les espèces sont des carnivores stricts, larves et adultes se nourrissant d'autres animaux (Figures 3 et 4) ; 3) parmi tous les insectes, leur reproduction est unique (Figures 5 à 12) avec le mâle maintenant la femelle à l'arrière de la tête par l'extrémité de son abdomen, le transfert direct de sperme entre les génitalia (localisés à l'extrémité de l'abdomen) étant impossible (Figures 9 à 11). Le sperme est en fait transféré indirectement par des **génitalia secondaires** situés à la base de l'abdomen du mâle (Figure G3 dans le glossaire).

Un excellent ouvrage d'introduction générale à l'ordre des Odonata existe déjà (60). Nous recommandons plusieurs références qui offrent un aperçu des divers aspects de la biologie des odonates (14), de leur diversité et de leur statut au niveau mondial (12, 39), ainsi que des mises à jour de leur classification (29, 30).

This book aims to offer the foundation for that renewed appreciation of the Odonata of the **Malagasy Region**, summarizing the knowledge acquired until now. Thus, the book should be considered as a basis for further research and not a definitive treatment of the regional fauna's taxonomy and ecology. Given this focus, we do not provide an overview of the general biology of the mentioned species. Three essential facts help understand most of their habits: 1) all species are amphibiotic, so eggs and larvae develop in water, while adults live on land and in the air (Figure 2); 2) all species are obligate carnivores, feeding on other animals both when they are larvae and adults (Figures 3 and 4); 3) their reproduction is unique among insects (Figures 5 to 12), as the male holds the female behind her head with the tip of his abdomen, direct sperm transfer between the genitalia (also located at the tip of the abdomen) is impossible (Figures 9 to 11). Sperm is therefore transferred indirectly via **secondary genitalia** at the base of the male's abdomen (Figure G3 in glossary).

An excellent general introduction to the order Odonata has previously been presented (60). We recommend several references that provide overviews on every aspect of odonate biology (14), global diversity and status (12, 39), and updates to classification (29, 30).

PARTIE 1. APERÇU DE LA FAUNE RÉGIONALE DES ODONATES / PART 1. AN OVERVIEW OF THE REGIONAL ODONATA FAUNA

Figure 2. Pour devenir adulte, toute larve de libellule et de demoiselle doit quitter l'eau et muer une dernière fois, comme ce **ténéral** (c.-à-d. récemment émergé) de *Paragomphus madegassus* mâle avec son **exuvie** (peau larvaire résiduelle), Rivière Manombolo près de Bekopaka. (Cliché par Bernhard Herren.) / **Figure 2.** To reach adulthood, all dragonfly and damselfly larvae must leave the water and molt one final time, like this **teneral** (i.e. freshly emerged) *Paragomphus madegassus* male with its **exuviae** (shed larval skin), Manombolo River near Bekopaka. (Photo by Bernhard Herren.)

Figure 4. Les libellules chassent presque n'importe quel animal qu'ils peuvent maîtriser, comme cet *Orthetrum malgassicum* mâle en train de manger une demoiselle, Isalo. (Cliché par Michael Post.) / **Figure 4.** Dragonflies will hunt almost any animal they can handle, like this *Orthetrum malgassicum* male eating a damselfly, Isalo. (Photo by Michael Post.)

Figure 3. Les libellules sont parfaitement équipées pour la chasse avec leurs puissantes ailes, leurs grands yeux, et leurs pattes accrocheuses, comme le montre cette femelle d'*Orthetrum azureum*, Mahitsy. (Cliché par Harald Schütz.) / **Figure 3.** Dragonflies are perfectly equipped for hunting with their strong flight, big eyes, and gripping legs, as this female *Orthetrum azureum* shows, Mahitsy. (Photo by Harald Schütz.)

Figure 5. Les libellules peuvent aussi devenir des proies, comme cette femelle d'*Orthetrum azureum* capturée par une Dolomède (*Dolomedes* sp.), alors qu'elle était probablement en train de pondre, Andasibe. (Cliché par Harald Schütz.) / **Figure 5.** Dragonflies can also be predated upon, like this *Orthetrum azureum* female grabbed by a raft spider (*Dolomedes* sp.) probably while laying eggs, Andasibe. (Photo by Harald Schütz.)

Figure 6. Bon nombre de libellules mâles attendent les femelles en défendant des territoires ; par exemple ce *Calophlebia karschi* gardant une petite mare forestière, Parc National de Mantadia. (Cliché par Michael Post.) / **Figure 6.** Many dragonfly males await females by defending territories, for example, this *Calophlebia karschi* guarding a small forest pool, Mantadia National Park. (Photo by Michael Post.)

Figure 8. Certaines espèces recherchent des femelles en survolant les zones de reproduction ; par exemple, ce mâle de *Hemicordulia similis*, Isalo. (Cliché par Michael Post.) / **Figure 8.** Some species seek females by patrolling the breeding habitat in flight, for example, this *Hemicordulia similis* male, Isalo. (Photo by Michael Post.)

Figure 7. Les conflits territoriaux peuvent être exubérants, à l'image de ces mâles de *Tetrathemis polleni* et de *Trithemis selika*, Andasibe. (Cliché par Pia Reufsteck.) / **Figure 7.** Territorial conflicts can become heated, as these *Tetrathemis polleni* and *Trithemis selika* males demonstrate, Andasibe. (Photo by Pia Reufsteck.)

Figure 9. Le mâle forme un tandem avec la femelle quand il l'attrape à l'arrière de la tête avec ses appendices, comme le montre ce *Pseudagrion* sp. probablement très proche de *P. divaricatum*, Isalo. (Cliché par Erland Nielsen.) / **Figure 9.** The male forms a tandem with the female when he grabs her behind the head with his appendages, as shown by this *Pseudagrion* sp. probably closely related to *P. divaricatum*, Isalo. (Photo by Erland Nielsen.)

PARTIE 1. APERÇU DE LA FAUNE RÉGIONALE DES ODONATES / PART 1. AN OVERVIEW OF THE REGIONAL ODONATA FAUNA

Figure 10. Un cœur copulatoire se forme quand les génitalia de la femelle s'imbriquent avec les **génitalia secondaires** du mâle. Chez les demoiselles comme *Azuragrion kauderni*, le mâle saisit alors la femelle par le **prothorax**, Isalo. (Cliché par Dave Smallshire.) / **Figure 10.** The mating wheel is formed when the female's genitalia interlock with the male's secondary genitalia. In damselflies such as *Azuragrion kauderni*, the male grabs the female by the **prothorax**, Isalo. (Photo by Dave Smallshire.)

Figure 11. Chez les libellules, comme c'est le cas chez ce *Zygonoides lachesis*, les mâles maintiennent les femelles par l'arrière de la tête, Andasibe. (Cliché par Allan Brandon.) / **Figure 11.** In dragonflies, as is the case here for *Zygonoides lachesis*, males hold females by the back of the head, Andasibe. (Photo by Allan Brandon.)

Figure 12. En planant au-dessus de l'eau et en frappant régulièrement la surface avec l'extrémité de son abdomen, cette femelle de *Thermorthemis madagascariensis* propulse ses œufs dans des gouttes d'eau vers la rive d'une flaque, Andasibe. (Cliché par Erland Nielsen.) / **Figure 12.** By rhythmically hitting the water surface with the abdomen tip, this hovering *Thermorthemis madagascariensis* female propels eggs in drops of water towards the bank of a puddle, Andasibe. (Photo by Erland Nielsen.)

DIVERSITÉ ET ENDÉMISME

Les odonates de la **Région malgache** (Figure 1) sont particulièrement uniques, quoique clairement **afrotropicaux** de par leur origine, avec 19 % des 227 espèces régionales et 76 % des 58 genres partagés avec l'Afrique continentale. Par ailleurs, 7 % des espèces et 53 % des genres se rencontrent largement à travers l'Asie (Tableau 1). Malgré d'aussi nettes affinités africaines, les familles qui sont largement réparties à travers le continent, telles les Calopterygidae, les Chlorocyphidae et les Macromiidae, ne sont pas ou très peu représentées dans la Région malgache. C'est également le cas des sous-familles des Allocnemidinae et des Disparoneurinae au sein de la famille des Platycnemididae. En fait, seulement trois familles regroupent les deux-tiers de la richesse spécifique sur le continent africain : les Coenagrionidae, les Libellulidae et les Gomphidae. Ces deux premières familles sont encore plus dominantes à Madagascar alors que celle des Gomphidae y est nettement appauvrie. Par ailleurs, les sous-familles des Onychargiinae et des Platycnemidinae sont, respectivement, absentes et très peu diversifiées sur le continent africain, tandis que les genres classés auparavant dans la famille des Megapodagrionidae et ceux classés dans la famille des Corduliidae (29, 30) sont relativement bien représentés dans la Région malgache. Une partie des « mégapodes » sont maintenant placée chez les Argiolestidae, tandis que les *Protolestes* et les *Tatocnemis* sont reconnus comme formant des familles distinctes, représentant ainsi les deux seules familles endémiques

DIVERSITY AND ENDEMISM

The Odonata of the **Malagasy Region** (Figure 1) are notably unique, although distinctly **Afrotropical** in their origin, with 19% of the 227 regional species being shared with continental Africa, while 76% of the 58 genera are shared; 7% of the species and 53% of the genera occur widely in Asia as well (Table 1). Despite clear African affinities, families broadly distributed on the mainland, such as the Calopterygidae, Chlorocyphidae, and Macromiidae are not or very poorly represented in the Malagasy Region, as is also the case for the subfamilies Allocnemidinae and Disparoneurinae of the Platycnemididae. Only three families make up two-thirds of species richness in mainland Africa: Coenagrionidae, Libellulidae, and Gomphidae. The first two are even more dominant on Madagascar, but the Gomphidae is notably impoverished there. On the other hand, the platycnemidid subfamilies Onychargiinae and Platycnemidinae are respectively absent and less diverse on the continent, while genera placed formerly in the Megapodagrionidae and the Corduliidae (29, 30), are also relatively well-represented in the Malagasy Region. The "megapods" have now partly been placed in Argiolestidae, while *Protolestes* and *Tatocnemis* were both recently recognized as a distinct family, thus representing the two only endemic odonate families in the region (8). The correct family placement of the endemic "corduliid" genera is still unresolved.

PARTIE 1. APERÇU DE LA FAUNE RÉGIONALE DES ODONATES / PART 1. AN OVERVIEW OF THE REGIONAL ODONATA FAUNA

d'odonates de la région (8). La famille à laquelle les genres endémiques des « corduliidés » reste encore à déterminer.

Dijkstra (25) offre une discussion approfondie de la biogéographie des odonates de Madagascar. Actuellement, 172 espèces décrites sont connues de l'île, représentant 83 % des espèces de la Région malgache. A notre connaissance, au moins 20 autres espèces doivent encore être décrites scientifiquement, le nombre réel d'espèces dépassant probablement les 200, dont des espèces endémiques non encore découvertes, ainsi que des colonisateurs venant du continent africain. Sur les 109 espèces (déjà décrites ou non) de demoiselles (**Zygoptera**), 93 % se rencontrent uniquement à Madagascar ; ce qui n'est le cas que pour seulement 65 % des libellules (**Anisoptera**), pourtant plus aptes à la dispersion en général. Environ 20 % des endémiques malgaches ont de proches parents africains et dérivent probablement de l'arrivée récente d'espèces de savanes qui possèdent souvent une capacité de dispersion plus importante que les espèces forestières. Parmi ces « nouveaux endémiques », citons *Paragomphus madegassus*, *Hemistigma affine* et *Zygonyx elisabethae* qui sont respectivement proches des espèces africaines *P. genei*, *H. albipunctum* et *Z. natalensis*. Ces espèces se rencontrent à travers toute l'île, dans des habitats ouverts, souvent anthropiques. Les autres endémiques ont peu ou pas de parenté évidente en dehors de la Région malgache. Ces « endémiques anciens » appartiennent à des genres quasi-endémiques et se

Dijkstra (25) provides an extensive discussion of the biogeography of Madagascar's Odonata. Presently 172 described species are known from the island, which is 83% of those from the Malagasy Region. As we are aware of at least 20 species that must still be described scientifically, the actual number of species must lie well above 200, including undiscovered endemics, as well as colonists from the continent. While of 109 (described and undescribed) species of damselflies (**Zygoptera**), 93% are found only on Madagascar, only 65% of 83 species of the generally better-dispersing true dragonflies (**Anisoptera**) fall into this category. About 20% of Madagascar's endemics have close African relatives and probably derived from recent arrivals of savannah species, which tend to have greater dispersal capacity than forest species. Examples of such "new endemics" are *Paragomphus madegassus*, *Hemistigma affine*, and *Zygonyx elisabethae*, which are close relatives of African *P. genei*, *H. albipunctum*, and *Z. natalensis*, respectively. These species occur all over the island in open, often man-made, habitats. The other endemics have few or no apparent close relatives outside of the Malagasy Region. These "old endemics" belong to (near) endemic genera and are largely restricted to running waters in rainforest.

They include the five damselfly **radiations** found in the genera *Nesolestes*, *Protolestes*, *Tatocnemis*, *Proplatycnemis*, and *Pseudagrion*, which make up 52% of Madagascar's endemics.

limitent généralement aux cours d'eau des forêts pluviales. Ils hébergent les cinq cas de **radiation** de demoiselles observés dans les genres *Nesolestes*, *Protolestes*, *Tatocnemis*, *Proplatycnemis* et *Pseudagrion* qui englobent 52 % des endémiques de Madagascar.

En conclusion, la faune malgache est particulièrement **insulaire** : environ la moitié des espèces appartiennent à de nombreuses lignées ubiquistes sans relation avec celles d'Afrique ; par contre, ces espèces ont à peine divergé en des lignées distinctes à travers l'île, et elles se sont encore moins diversifiées en plusieurs espèces au niveau local. Comparativement, l'autre moitié appartiennent à une poignée de lignées avec des affinités africaines et se sont diversifiées en de nombreuses espèces localisées et spécialisées. Ces deux groupes bien distincts reflètent l'idée que, parmi les vertébrés dulçaquicoles à faible capacité de dispersion, très peu sont arrivés à Madagascar après le Crétacé et que seuls ceux qui volent bien ont pu atteindre l'île lors des dernières 15 millions d'années (53).

L'isolation de la faune se reflète de plus dans la taille et le comportement des espèces. Les équivalents malgaches des espèces africaines *Phaon iridipennis*, *Chalcostephia flavifrons*, *Diplacodes lefebvrii*, *Hemistigma albipunctum*, *Orthetrum abbotti* (et probablement d'autres espèces) sont nettement plus grands, évoquant un gigantisme insulaire. Les espèces endémiques comme *Anax tumorifer* et *Phyllomacromia trifasciata* restent plus souvent perchées que leurs équivalents du continent africain qui ont tendance à passer plus de temps à surveiller leurs territoires.

In conclusion, the Malagasy fauna is notably **insular**, with about half the species belonging to numerous unrelated African lineages that are widespread but have barely diverged into distinct lineages on the island, let alone diversify locally into multiple species. By contrast, the rest belongs to a few lineages with limited continental affinities that have diversified into numerous localized and specialized species. These two distinct groups reflect the finding that few poorly dispersing freshwater vertebrate groups arrived on Madagascar after the Cretaceous, while only strong fliers reached the island in the past 15 million years (53).

The fauna's isolation is also reflected in the species' size and behavior. The Malagasy counterparts of the continental *Phaon iridipennis*, *Chalcostephia flavifrons*, *Diplacodes lefebvrii*, *Hemistigma albipunctum*, *Orthetrum abbotti*, and probably other species are notably large, suggesting island gigantism. Endemic species like *Anax tumorifer* and *Phyllomacromia trifasciata* perch more frequently than their relatives on the mainland, which tend to be spend distinctly more time patrolling their territories. Indeed, most Malagasy odonates appear more approachable by humans than in Africa.

The archipelagos of the Comoros, Mascarenes, and Seychelles have less than 40 species each and around 25% of these species are endemic. Thirty-nine species are now known from the Comoros but, while 36 of these have been reported from Mayotte, half or less have been from the other islands. Mayotte is the oldest island and

PARTIE 1. APERÇU DE LA FAUNE RÉGIONALE DES ODONATES / PART 1. AN OVERVIEW OF THE REGIONAL ODONATA FAUNA

D'ailleurs, la plupart des odonates de Madagascar semblent moins craintifs à l'approche de l'homme que ceux d'Afrique.

Dans chacun des archipels des Comores, des Mascareignes et des Seychelles, il existe moins de 40 espèces et 25 % d'entre elles sont endémiques. Trente-neuf espèces sont connues pour les Comores, dont 36 à Mayotte ; mais la moitié ou moins de la moitié sont connues pour les autres îles. Mayotte est l'île la plus ancienne mais elle est aussi la plus fréquemment visitée par les **odonatologistes**.

La faune comorienne se rapproche de celle de Madagascar, comme l'indiquent les espèces endémiques des genres partagés avec la Grande Ile : *Nesolestes*, *Proplatycnemis*, *Pseudagrion*, *Nesocordulia* et *Thermorthemis* (23). La plupart des 12 espèces dont les plus proches parents sont à Madagascar se limitent aux eaux courantes et se distinguent de ces parents surtout par leurs couleurs : *Gynacantha comorensis*, *Orthetrum lugubre*, *Thermorthemis comorensis*, *Trithemis maia*, ainsi que l'éventuelle nouvelle espèce *Zygonyx* sp. Les espèces *Nesolestes pauliani*, *Proplatycnemis agrioides*, *Pseudagrion pontogenes* et *Nesocordulia villiersi* se distinguent nettement de leurs parents malgaches. Le reste des espèces des Comores se rencontrent aussi en Afrique, préférant les eaux stagnantes, sans présenter de différence morphologique dans ces îles. L'exception concerne *Paragomphus genei* qui est en fait proche de *P. madegassus* et qui est beaucoup plus sombre aux Comores. Les deux groupes décrits ci-dessus suggèrent que les îles volcaniques des

closest to Madagascar, but also most frequently visited by **odonatologists**.

The Comorian fauna is close to that of Madagascar, as shown by endemic species of genera shared with that island: *Nesolestes*, *Proplatycnemis*, *Pseudagrion*, *Nesocordulia*, and *Thermorthemis* (23). Most of the 12 species whose nearest relatives are on Madagascar are limited to streams and differ distinctly from those relatives, notably in coloration: *Gynacantha comorensis*, *Orthetrum lugubre*, *Thermorthemis comorensis*, *Trithemis maia*, and the possibly new *Zygonyx* sp. The species *Nesolestes pauliani*, *Proplatycnemis agrioides*, *Pseudagrion pontogenes*, and *Nesocordulia villiersi* are especially distinct from their Madagascar relatives. The remainder of Comorian species also occur in Africa, favor standing water, and do not differ morphologically on the islands. One exception is *Paragomphus genei*, which is very dark on the Comoros and may be in fact closer to *P. madegassus*. The two groups described suggest that the volcanic islands of the Comoros were first colonized from Madagascar, while African species successfully colonized after the notably recent arrival of humans and subsequent habitat disturbance.

The Mascarenes and Seychelles Archipelagos harbor 30 (but see remark on *Coenagriocnemis ramburi* below) and 24 (19 if Aldabra is excluded) confirmed species, respectively, but strikingly no Malagasy genera, although both island groups each have two endemic genera. However, while *Allolestes maclachlanii* and *Leptocnemis cyanops* of the

Comores étaient d'abord colonisées par les espèces de Madagascar, tandis que la colonisation par les espèces africaines n'a réussi qu'après l'arrivée plus récente des humains et les perturbations d'habitats s'y afférant.

Les archipels des Mascareignes et des Seychelles abritent, respectivement, 30 espèces confirmées (mais voir la remarque concernant *Coenagriocnemis ramburi*) et 24 espèces (19 si Aldabra est exclu), sans qu'aucune de ces espèces n'appartienne à des genres malgaches ; par contre, les deux archipels possèdent chacune deux genres qui leur sont endémiques. Ceci dit, alors que *Allolestes maclachlanii* et *Leptocnemis cyanops* des îles granitiques des Seychelles constituent des genres reliques (c.-à-d. sans parents proches ailleurs) survivant sur d'anciens fragments continentaux, les genres *Coenagriocnemis* et *Thalassothemis* des îles volcaniques des Mascareignes présentent des affinités claires avec les genres à dispersion facile *Aciagrion* et *Trithemis* originaires d'Afrique et d'Asie. D'ailleurs, *Coenagriocnemis* et *Thalassothemis* sont probablement arrivés aux Seychelles plus récemment. Les Mascareignes et les Seychelles ont en commun avec Madagascar le groupe de *Gynacantha bispina* et le genre *Hemicordulia* ; tandis que les Seychelles et Madagascar partagent en plus *Teinobasis alluaudi*. Chacun de ces taxons se rencontre aussi en Afrique de l'Est, avec une arrivée probablement assez récente grâce à une dispersion transocéanique venant de l'est (24).

Rodrigues n'a que huit espèces confirmées, contrairement à Maurice

granitic Seychelles represent relict genera (i.e. without close relatives elsewhere) surviving on ancient continental fragments, the genera *Coenagriocnemis* and *Thalassothemis* of the volcanic Mascarenes have clear affinities with the well-dispersing genera *Aciagrion* and *Trithemis* from Africa and Asia, respectively, and are likely more recent arrivals. The Mascarenes and Seychelles share the *Gynacantha bispina*-group and the genus *Hemicordulia* with Madagascar, while the Seychelles also shares *Teinobasis alluaudi*. Each of these taxa also occurs in east Africa, probably arriving relatively recently by transoceanic dispersal from the east (24).

Rodrigues has only eight confirmed species, in contrast to Mauritius and La Réunion that have just over 20 species each. The islands have a similar list of widespread species and differ mainly in their endemic species. While the Mascarene endemic *Gynacantha bispina* inhabits all three islands, the remaining endemics are restricted to a given island. *Coenagriocnemis insularis*, *C. rufipes*, *Hemicordulia virens*, and *Thalassothemis marchali* are highly localized on Mauritius. Of particular note, *C. ramburi* and *Ischnura vinsoni* are undetected for 70 years; at least the former may not be a good species. Only *C. reuniensis* and *H. atrovirens* are restricted to La Réunion, although its highlands also have isolated populations of the widespread continental species: *Africallagma glaucum* and *Sympetrum fonscolombii* (for which there is no suitable habitat on Mauritius and that may have been overlooked on

et à La Réunion qui en ont un peu plus de 20 chacune. Ces îles ont en commun des espèces répandues et ne diffèrent principalement que par leurs espèces endémiques. Alors que *Gynacantha bispina*, espèce endémique des Mascareignes, habite ces trois îles, les autres espèces endémiques se restreignent à une île particulière. Ainsi, *Coenagriocnemis insularis*, *C. rufipes*, *Hemicordulia virens* et *Thalassothemis marchali* sont strictement localisés à Maurice. A noter que *C. ramburi* and *Ischnura vinsoni* n'y ont plus été détectés depuis 70 ans ; le premier, au moins, pourrait ne pas être une espèce valide. Seuls *C. reuniensis* et *H. atrovirens* sont limités à La Réunion, quoique les hautes terres renferment aussi des populations isolées des espèces communes sur le continent : *Africallagma glaucum* et *Sympetrum fonscolombii* (pour lesquelles il n'existe pas d'habitats appropriés à Maurice et qui aurait pu être ignorées à Madagascar). Mises à part les deux anciennes reliques mentionnées ci-dessus, *Gynacantha stylata* et *Zygonyx luctifer* sont les seules espèces endémiques confirmées aux Seychelles.

HISTORIQUE

L'étude des odonates de la **Région malgache** a débuté en 1842 avec Rambur (52) qui a décrit les 19 espèces actuellement connues dans la région, dont 14 y sont endémiques. Cela fait partie des plus anciennes descriptions de libellules tropicales. Etonnament, l'identité de son *Acisoma ascalaphoides* a été clarifiée seulement 174 ans plus tard (50),

Madagascar. Aside from the two ancient relicts mentioned above, *Gynacantha stylata* and *Zygonyx luctifer* are the only endemics confirmed in the Seychelles.

HISTORY

The study of the Odonata of the **Malagasy Region** began in 1842 with Rambur (52), who described 19 species now known to occur in the region, 14 of which are endemic. These included some of the earliest described tropical dragonflies. Remarkably, the identity of his *Acisoma ascalaphoides* was clarified only 174 years later (50), while that of *Zygonyx hova* remains unclear (45). All the great **odonatologists** of the late 19th and early 20th century – Förster, Karsch, Kirby, McLachlan, Martin, Ris, Selys, and Sjöstedt – contributed to the regional fauna between 1872 and 1917.

The next episode of Malagasy **odonatology** began with the publication of Schmidt's revision of the **Zygoptera** in 1944, but the entire edition was destroyed during the Russian bombardment of Neubrandenburg in 1945. It was not until 1951 that an English translation was produced by Fraser based on Schmidt's proofs. Dissatisfied with the result, Schmidt republished the work in German in 1966 (56, 57). Fraser himself published numerous papers between 1948 and 1962, including a monograph of the **Anisoptera** (34). These two authors described almost a third of the currently recognized regional species, with Fraser

tandis que celle de *Zygonyx hova* n'est pas encore claire (45). Tous les grands **odonatologistes** de la fin du 19ème siècle et du début du 20ème siècle – Förster, Karsch, Kirby, McLachlan, Martin, Ris, Selys et Sjöstedt – ont apporté des contributions à la connaissance de la faune régionale entre 1872 et 1917.

Le chapitre suivant de l'**odonatologie** malgache commence avec la publication de la révision des **Zygoptera** par Schmidt en 1944 ; l'édition entière a été détruite pendant le bombardement russe de Neubrandenburg en 1945. Ce n'est qu'en 1951 qu'une traduction anglaise a été effectuée par Fraser, sur la base d'épreuves du livre de Schmidt. Insatisfait par le résultat, Schmidt a réédité l'ouvrage en allemand en 1966 (56, 57). Fraser lui-même a publié de nombreux articles entre 1948 et 1962, y compris une monographie des **Anisoptera** (34). Ces deux auteurs ont décrit presque le tiers des espèces reconnues actuellement pour la région avec Fraser en décrivant 35 et Schmidt 33 ; ce qui dépasse le travail de tous les autres odonatologistes.

Bien que plusieurs chercheurs aient publiés des traités taxonomiques, surtout sur les demoiselles (1, 2, 45, 46, 51), les odonates de Madagascar ont, depuis, été considérablement négligés. Quelques descriptions d'espèces et de larves ont, par la suite, été publiées (5, 6, 7, 9, 32, 33, 36, 40, 41, 43, 47, 50), ainsi que quelques notes rapportant des observations d'espèces (par ex. 10, 21, 35, 38, 58). Dijkstra (25) offre une check-list annotée pour Madagascar ; mettant à jour les listes de Legrand (42) et de Donnelly & Parr (31). En fait, les monographies de Fraser et Schmidt, describing 35 and Schmidt 33; this is more than any other odonatologists.

Although several researchers published taxonomic papers, mainly on damselflies (1, 2, 45, 46, 51), Madagascar's Odonata have been largely neglected since. A few species or larval descriptions have subsequently been published (5, 6, 7, 9, 32, 33, 36, 40, 41, 43, 47, 50), as well as some notes with species records (e.g., 10, 21, 35, 38, 58). Dijkstra (25) provides an annotated checklist for Madagascar, updating the lists by Legrand (42) and Donnelly & Parr (31). Just as the monographs of Fraser and Schmidt, now over six decades old, remain the only comprehensive treatments for Madagascar.

Similarly, a half-century old synthesis remains the main reference for the Seychelles (4). The Mascarene Odonata fared better, notably with numerous studies by Couteyen and Papazian focused on La Réunion since 2000 (17, 18, 20). The research on this island also included ecological work (e.g., 15, 16, 48, 49). The Comoros have also seen a recent increase in Odonata research, including the description of new **taxa** (19, 44).

Finally, probably the most influential paper to appear on Odonata of the western Indian Ocean islands focused on the most widespread species in the region and the world. Observing the movements of *Pantala flavescens* on the Maldives and westward, an annual transoceanic migration between India and Africa was inferred, which is probably the greatest event of insect dispersal on the planet (3).

maintenant vieilles de plus de soixante ans, restent encore les écrits les plus complets sur Madagascar.

De même, un texte vieux d'un demi-siècle reste la principale référence pour les Seychelles (4). Les odonates des Mascareignes sont mieux traités, surtout avec les nombreuses études menées par Couteyen et Papazian sur La Réunion depuis 2000 (17, 18, 20). La recherche sur cette île comporte également des travaux écologiques (par ex. 15, 16, 48, 49). Les Comores semblent également faire preuve d'une augmentation des efforts de recherche sur les odonates, y compris la description de nouveaux **taxa** (19, 44).

Finalement, la publication la plus marquante au sujet des odonates des îles de l'océan Indien occidental est probablement celle concentrée sur les espèces les plus répandues dans la région et dans le monde. En observant les déplacements de *Pantala flavescens* des Maldives vers l'ouest, une migration transocéanique entre l'Inde et l'Afrique a été suggérée, ce qui constituerait probablement l'évènement le plus remarquable dans la dispersion des insectes à travers la planète (3).

CONSERVATION

Alors que l'étude des odonates de la Région malgache a commencé il y a plus de 170 ans, il n'y a plus vraiment eu de progrès depuis un demi-siècle. Pendant ce temps, la couverture forestière de Madagascar a diminué de 40 % (37). Une hypothèse a été avancée disant que le haut niveau de micro-endémisme de Madagascar est associé à une spéciation par isolement

CONSERVATION

While the study of the Odonata of the **Malagasy Region** started more than 170 years ago, there has been effectively no progress in the past half century. In the meantime, Madagascar's forest cover has decreased by 40% (37). A hypothesis has been presented that Madagascar's high levels of micro-endemism are associated with speciation by isolation in lowland watersheds during periods of climate change in recent geological history (62). This model may apply to Odonata given their strong ties to forest streams. Further loss of habitat for species that are naturally restricted implies high levels of threat. It has been estimated that almost two-thirds of all Malagasy Odonata (over 100 species, all endemic) are potentially threatened but so poorly known that immediate field surveys are required (26). Over 70% of 51 randomly-selected Malagasy odonate species assessed for the IUCN Red List of Threatened Species were Data Deficient and almost 40% known only from a single collection, i.e. the **holotype** or **type series** (12).

The Red List assessment was completed recently, but from Madagascar only *Acisoma ascalaphoides* of the eastern littoral forests and *Lestes auripennis* from the highly isolated southwestern Analavelona Forest are now considered threatened (59). For almost half the regional species data were too deficient to make a fair assessment of their status, while the remainder was considered of Least

dans les bassins versants pendant les changements climatiques des histoires géologiques récentes (62). Ce modèle pourrait s'appliquer aux odonates, étant donnés leurs forts liens avec les cours d'eau forestiers. Des pertes d'habitat plus conséquentes pour des espèces qui sont déjà naturellement restreintes impliquent de plus hauts niveaux de menace. Il a été estimé que presque les deux-tiers de tous les odonates malgaches (plus de 100 espèces, toutes endémiques) seraient potentiellement menacés, alors qu'ils sont si peu connus que des études de terrain seraient à entreprendre sans délai (26). Plus de 70 % des 51 espèces d'odonates malgaches sélectionnées au hasard et évaluées pour la Liste Rouge des espèces menacées de l'UICN étaient classées dans la catégorie « données insuffisantes » et presque 40 % étaient connues seulement à partir de collections uniques, donc des **holotypes** ou **série-type** (12).

L'évaluation pour la Liste Rouge a été achevée récemment ; mais, pour Madagascar, seuls *Acisoma ascalaphoides* des forêts littorales de l'Est et *Lestes auripennis* de la forêt extrêmement isolée d'Analavelona dans le Sud-ouest sont considérés menacés (59). Pour presque la moitié des espèces régionales, les données étaient trop insuffisantes pour pouvoir mener une estimation raisonnable de leurs statuts. Le reste des espèces sont considérées de préoccupation mineure. Plus de 50 espèces n'ont pas été observées depuis leurs premières découvertes, généralement entre 1900 et 1950. Cela indiquerait que de nombreuses espèces attendent d'être découvertes à Madagascar, tandis

Concern. More than 50 species have not been recorded since they were first discovered, mostly between 1900 and 1950. These findings indicate that more species await discovery on Madagascar, while others may have become extinct before they became known.

The conservation status of the endemics of the smaller islands is much easier to ascertain (11, 54, 55). It has been shown that *Platycnemis mauriciana* alleged to occur on Mauritius rests on a misinterpretation, while *Argiocnemis solitaria* from Rodrigues is considered a **nomen nudum**, but most of the remaining 22 endemics from the Comoros, Mascarenes, and Seychelles are considered threatened (28). Only *Coenagriocnemis reuniensis* from La Réunion and *Thermorthemis comorensis* from the Comoros are considered out of danger, while *Proplatycnemis agrioides* and *Orthetrum lugubre* from the Comoros are currently ranked as Near Threatened, five species (*Coenagriocnemis ramburi*, *Ischnura vinsoni*, *Leptocnemis cyanops*, *Hemicordulia atrovirens*, and *Zygonyx luctifer*) are Data Deficient, and the possible new *Zygonyx* sp. from the Comoros has not been assessed.

Clearly, a new phase in taxonomic and ecological research of Odonata of the Malagasy Region is needed, for example, in the application of new information in conservation and environmental assessment. Therefore, dragonflies and damselflies are focal groups for the Insects and People in the Southern Indian Ocean (IPSIO)

PARTIE 1. APERÇU DE LA FAUNE RÉGIONALE DES ODONATES / PART 1. AN OVERVIEW OF THE REGIONAL ODONATA FAUNA

que d'autres pourraient disparaître avant d'être connues.

Le statut de conservation des espèces endémiques des îles de petite taille est plus facile à établir (11, 54, 55). Ainsi, il a été démontré que *Platycnemis mauriciana* qui est supposé exister sur Maurice ne repose que sur une erreur d'interprétation tandis que *Argiocnemis solitaria* de Rodrigues est considéré comme un **nomen nudum** et que la plupart des 22 espèces endémiques restantes des Comores, Mascareignes et Seychelles sont considérées menacées (28). Seuls *Coenagriocnemis reuniensis* de La Réunion et *Thermorthemis comorensis* des Comores sont considérées hors de danger. Toujours aux Comores, *Proplatycnemis agrioides* et *Orthetrum lugubre* sont actuellement classés quasi-menacés, cinq espèces (*Coenagriocnemis ramburi*, *Ischnura vinsoni*, *Leptocnemis cyanops*, *Hemicordulia atrovirens* et *Zygonyx luctifer*) sont à données insuffisantes, tandis que l'éventuelle nouvelle espèce de *Zygonyx* sp. n'a pas encore été évaluée.

Manifestement, une nouvelle phase dans les recherches taxonomiques et écologiques sur les odonates de la Région malgache est requise, par exemple, pour l'application des nouvelles informations à la conservation et au suivi environnemental. C'est pourquoi les lubellules et les demoiselles constituent des groupes cibles pour Insects and People in the Southern Indian Ocean (IPSIO), une initiative lancée par le Madagascar Biodiversity Center, Antananarivo, en janvier 2017. La publication d'un guide pour l'identification (27) et la complétion de la Liste Rouge (13) pour le continent initiative launched at the Madagascar Biodiversity Center, Antananarivo, in January 2017. The publication of an identification handbook (27) and a complete Red List (13) on the African mainland allowed the development of African Dragonflies and Damselflies Online (addo.adu.org.za) and the African Dragonfly Biotic Index that combines status, range, and ecology (61). We hope that these types of advances will be emulated in the Malagasy Region.

FINDING ODONATA

Odonates occur in all types of freshwater **habitats** (Figures 13 to 21). Generally, higher species richness is found in habitats with good water quality (e.g., clear and unpolluted), aquatic and bank-side vegetation (e.g., water lilies, rushes, and weeds), and not modified structurally (e.g., no dams or canalization). Exposure to different levels of sunlight is also important, as some species like to bask and others prefer the shade. Temporary or disturbed habitats such as rain puddles, rice fields, and irrigation ditches usually harbor widespread, common species. In contrast, species that are more specialized tend to occur along forest streams, and this is the best habitat to find regional endemics. Such aquatic habitats tend to be largely shaded, are clear and shallow, and lack aquatic vegetation. Also interesting are rivers, especially those surrounded by natural forest, where there is more sun and vegetation, allowing a different assemblage of species.

africain a déjà permis le développement du site internet « African Dragonflies and Damselflies Online » (addo.adu.org.za) et d'un Index Biotique des Libellules Africaines, combinant leurs statuts, répartitions et écologies (61). Nous espérons que ces types d'avancée vont être imités pour la Région malgache.

TROUVER DES ODONATES

Les odonates se rencontrent dans tous types d'**habitats** dulçaquicoles (Figures 13 à 21). Généralement, les plus grandes richesses spécifiques s'observent dans des habitats avec une eau de bonne qualité (c.-à-d. claire et non polluée) pourvues de végétations aquatiques et rivulaires

Restricted habitats can contain specialized, rare species. Examples include **seeps** (places where freshwater oozes from the ground), waterfall spray zones, wet trickles along rock faces, rapids, or small forest pools and swamps. While a few specialists of **phytotelmata** (small pockets of water held in plants, such as in tree holes or folds in leaves) are known from mainland Africa and many from tropical America and Australasia, none have been reported from Madagascar. This is surprising, especially given the abundance of *Pandanus*-specialists among Malagasy frogs.

Taking photographs is a good way to communicate about habitat

Figure 13. La plupart des habitats dulçaquicoles de la partie centrale de Madagascar consistent en des rizières aménagées qui abritent au maximum quelques espèces communes. (Cliché par Mike Averill.) / **Figure 13.** Most freshwater habitat in central Madagascar consists of intensively managed rice fields, which harbor at most a few common species. (Photo by Mike Averill.)

PARTIE 1. APERÇU DE LA FAUNE RÉGIONALE DES ODONATES / PART 1. AN OVERVIEW OF THE REGIONAL ODONATA FAUNA

Figure 14. A Madagascar, les rizières abandonnées d'Ankazomivady sont attirantes pour de nombreuses espèces ubiquistes, tandis que les criques herbeuses sont préférées par les espèces endémiques comme *Africallagma rubristigma* et *Ischnura filosa*. (Cliché par Allan Brandon.) / **Figure 14.** On Madagascar, abandoned rice fields at Ankazomivady are attractive to numerous widespread species, while their grassy inlets are favored by endemics like *Africallagma rubristigma* and *Ischnura filosa*. (Photo by Allan Brandon.)

Figure 15. Les rivières des paysages dégradés comme ici, près d'Ambositra, renferment relativement peu d'espèces ; bien que ces dernières inclues des endémiques répandues comme *Pseudagrion malgassicum* et *Zygonyx elisabethae*. (Cliché par Michael Post.) / **Figure 15.** Rivers in degraded landscapes such as here near Ambositra have relatively few species, although these include widespread endemics like *Pseudagrion malgassicum* and *Zygonyx elisabethae*. (Photo by Michael Post.)

(par ex. des nénuphars, des joncs et des herbes) et en l'absence de modifications structurelles (par ex. ni barrage ni canalisation). La diversité des conditions d'éclairage est tout aussi importante puisque certaines espèces aiment lézarder au soleil, tandis que d'autres préfèrent l'ombre. Les habitats temporaires et les habitats perturbés comme les flaques de pluie, les rizières et les fossés d'irrigation abritent généralement des espèces communes et répandues. Par contre, les espèces qui sont plus spécialisées tendent à vivre le long des cours d'eau forestiers, ces derniers constituant le meilleur habitat pour trouver des endémiques régionales. Ces habitats aquatiques sont souvent ombragés, limpides et pauvres en végétation aquatique. Les rivières sont tout aussi intéressantes, surtout celles entourées par des forêts naturelles avec d'avantage d'ensoleillement et de végétation permettant l'apparition d'un autre assemblage d'espèces.

Les habitats restreints peuvent accueillir des espèces spécialisées et rares. Citons par exemple les **zones de suintement** (endroit où de l'eau exsude du sol), les zones d'embrun autour des cascades, les filets d'eau à la surface des rochers, les rapides ainsi que les étangs et marécages des forêts. Alors qu'une poignée de spécialistes de **phytotelmes** (petites poches d'eau retenue dans les plantes, comme dans les cavités des arbres ou dans les replis des feuilles) se rencontrent sur le continent africain et un grand nombre en Amérique tropicale ou en Asie australe, aucun n'a été observé à Madagascar. Cela est surprenant, surtout étant donné l'abondance des grenouilles

types. Important factors in describing habitats are: 1) type (e.g., pool, lake, marsh, paddy, river, stream, waterfall, seep); 2) running or standing water (e.g., slow-moving to torrential); 3) temporary or permanent water; 4) size (i.e. diameter, depth); 5) forest or vegetation cover, amount of sun and shade; 6) clarity of water (e.g., clear, black water, murky, silt-laden, chalky); 7) hydrochemistry; 8) presence and type of aquatic vegetation (e.g., green algae, lily pads, emergent plants, water hyacinth); 9) presence and type

Figure 16. Les rivières de la forêt pluviale de l'Est, y compris celle-ci dans le Parc National de Ranomafana, sont excellentes pour les Gomphidae, et là où il y a des cascades et des rapides, on peut trouver des espèces de *Zygonyx*. (Cliché par Mike Averill.) / **Figure 16.** Rivers in the eastern rainforest, including this one in Ranomafana National Park, are good for Gomphidae and where there are waterfalls and rapids one can find *Zygonyx* species. (Photo by Mike Averill.)

malgaches spécialisées dans les *Pandanus*.

Prendre des photos est une bonne manière de communiquer sur les types d'habitat. Les facteurs clés pour décrire un habitat sont : 1) le type (par ex. mare, lac, marécage, rizière, ruisseau, cascade, zone de suintement) ; 2) eau courante ou stagnante (par ex. écoulement lent à torrentiel) ; 3) eau temporaire ou permanente ; 4) la taille (c.-à.-d. diamètre, profondeur) ; 5) la couverture forestière ou végétale, la quantité de soleil et d'ombre ; 6) la clarté de l'eau (par ex. claire, noire, boueuse, vaseuse, calcaire) ; 7) hydrochimie ; 8) la présence et le type de végétation aquatique (par ex. algues vertes, nénuphars, plantes émergées, jacinthe d'eau) ; 9) la présence et le type de la végétation des rives (par ex. roseaux, buissons, herbes) ; 10) le substrat (par ex. vase, sable, gravier, roche, matériaux organiques grossiers comme les feuilles mortes) ; et 11) la perturbation humaine (par ex. arrachage de la végétation, érosion, barrage, déviation de cours d'eau).

Pour trouver des odonates adultes, il est nécessaire de répartir les efforts dans la journée et dans différents habitats. Le premier endroit à voir est autour des eaux douces puisque c'est là que les mâles défendent leurs territoires et cherchent les femelles qui viennent y pondre. Mais les adultes peuvent aussi se retrouver loin de l'eau, parfois en très grand nombre, par exemple pour se percher, s'alimenter ou migrer. De nombreuses espèces **entrent en diapause** en tant qu'adultes ; c.à-d. qu'ils attendent le début de la saison des pluies loin des eaux. Souvent, les adultes se rassemblent dans les endroits of bank-side vegetation (e.g., reeds, bushes, grass); 10) bottom substrate (e.g., mud, sand, gravel, rocks, coarse organic material like dead leaves); and 11) human disturbance (e.g., clearance of vegetation, erosion, damming, altered course).

To find adult Odonata it is necessary to spread efforts through the day and in different habitats. The first place to look is around freshwater, as here males defend territories and look for females, which come to lay eggs. Adults can also be found away from water, for example, when roosting, feeding or migrating, and may even be found swarming in such instances. Many species **siccatate** as adults, that is to say wait for the start of the rainy season away from water. Adults often congregate in (or at the edges of) open areas, such as forest clearings, roadsides, and grassy fields, to feed on insects. Some species (e.g., Gomphidae) are very shy at breeding sites and the best opportunities to capture them are in feeding areas. Most species prefer warm (sunny) weather and are active during the day, with a maximum of activity at midday. Others (e.g., *Gynacantha* spp.) are most active in twilight (dusk, dawn) and spend the day hiding in the vegetation.

COLLECTING ADULTS

When catching and collecting insects, please make sure you have the required permission and paperwork to do so. Generally, a light butterfly net (net opening about 0.5 m wide, handle at least 1 m long) is suitable to catch

ouverts (ou à la lisière de tels endroits) comme les clairières, les bords de route et les champs herbeux afin de pouvoir s'y nourrir d'insectes. D'autres espèces (par ex. les Gomphidae) sont très discrètes dans les zones de reproduction et la meilleure chance de les capturer reste les zones d'alimentation. La plupart des espèces préfèrent le temps chaud (ensoleillé) et elles sont actives pendant la journée, avec un maximum d'activité autour de midi ; mais il y en a (par ex. *Gynacantha* spp.) qui sont les plus actives à faible lumière (à l'aube ou au crépuscule) et passent la journée cachées dans la végétation.

adults. The net must be deep enough to fold closed, so the catch cannot escape. For large **Anisoptera** a bigger net is useful, although this can be hard to operate when catching **Zygoptera** in dense vegetation. A net with a handle of variable length is useful (e.g., telescopic or segmented).

The easiest way to store living specimens is in small envelopes (like those used by postage stamp collectors) or folded paper triangles ("papillottes") in a plastic container, where they will survive for several hours and even a full day if chilled. When possible, it is suggested to place a pairing male and female in one envelope, to avoid their association

Figure 17. Les cours d'eau de la forêt pluviale de l'Est, comme celui-ci dans le Parc National de Mantadia, présentent une grande variété d'espèces endémiques comme celles des genres *Pseudagrion* et *Malgassophlebia*, quoique ces derniers puissent être très difficiles à trouver. (Cliché par Michael Post.) / **Figure 17.** Streams in the eastern rainforest, like this one in Mantadia National Park, have the greatest variety of endemic species, such as in the genera *Pseudagrion* and *Malgassophlebia*, although they may be frustratingly hard to find. (Photo by Michael Post.)

COLLECTER DES ADULTES

Pour capturer et collecter des insectes, veuillez vous assurer que vous êtes en possession des permis et des formalités administratives requis pour cela. Généralement, un léger filet à papillon (avec une ouverture large d'environ 0,5 m et un manche long d'au moins 1 m) est approprié pour capturer des adultes. Le filet doit être assez profond pour pouvoir se fermer en se pliant de sorte que les captures ne puissent pas s'échapper. Pour les **Anisoptera** de grande taille, un plus grand filet peut s'avérer utile ; quoique cela puisse être difficile à manier lors de la capture de **Zygoptera** dans une végétation dense. Un filet avec un manche à longueur variable peut aussi être pratique (par ex. un manche télescopique ou segmenté).

Le moyen le plus simple pour conserver les spécimens vivants est de les garder dans de petites enveloppes (comme celles utilisées par les collectionneurs de timbres) ou dans du papier plié en triangle (« papillotes ») à l'intérieur d'un récipient en plastique où les spécimens pourront survivre plusieurs heures, voire toute une journée si gardés au frais. Quand c'est possible, il est recommandé de placer les couples mâle et femelle dans la même enveloppe pour éviter d'oublier qu'ils étaient appariés. De plus, comme la couleur des adultes pâlit ou change après la mort, il est très apprécié de prendre des photos des individus *in natura* ou en main.

Les spécimens se préservent mieux dans de l'acétone qui peut être achetée dans les magasins de produits chimiques comme Maexi Trading à Antananarivo, LOT IVO 222, Route des Hydrocarbures, derrière

Figure 18. Les cours d'eau rocailleux dans les forêts, comme celui montré ici dans le Parc National de Ranomafana, sont appréciés par les *Tatocnemis* (Cliché par Michael Post.) / **Figure 18.** Rocky forest streams as the one illustrated here in Ranomafana National Park are favored by *Tatocnemis* spp. (Photo by Michael Post.)

being lost. In addition, because the colors of adults fade or change after preservation, it is valuable to take photographs of the adults, either free or in the hand.

Specimens are best preserved with acetone, which can be bought in chemical supply stores, such as Maexi Trading in Antananarivo, LOT IVO 222, Route des Hydrocarbures, behind Henri Fraise & Fils. Although acetone is inflammable and toxic, its use in the field, if properly handled, poses no problems. Because acetone replaces the water in the animal's

Figure 19. Les zones de suintement et les ruisseaux de la forêt pluviale de l'Est, comme ici dans le Parc National de Mantadia, renferment de nombreuses espèces endémiques, notamment celles des genres *Nesolestes* et *Protolestes*. (Cliché par Allan Brandon.) / **Figure 19.** Eastern rainforest seeps and streamlets like here in Mantadia National Park hold many endemic species, notably of the genera *Nesolestes* and *Protolestes*. (Photo by Allan Brandon.)

Figure 20. Les plans d'eau de la forêt pluviale de l'Est, comme celui qui est illustré ici dans le Parc National de Mantadia, possèdent un excellent assemblage d'espèces, par exemples celles du genre *Proplatycnemis*. (Cliché par Michael Post.) / **Figure 20.** Pools in eastern rainforest such as the one illustrated here in Mantadia National Park have an excellent mix of species, for example of the genus *Proplatycnemis*. (Photo by Michael Post.)

PARTIE 1. APERÇU DE LA FAUNE RÉGIONALE DES ODONATES / PART 1. AN OVERVIEW OF THE REGIONAL ODONATA FAUNA

Figure 21. La fragmentation des habitats forestiers cause d'importants problèmes aux odonates malgaches. Par exemple, seuls de minuscules fragments de forêts littorales, comme ici près de Tolagnaro, subsistent pour l'espèce endémique En Danger *Acisoma ascalaphoides*. (Cliché par Kai Schütte.) / **Figure 21.** Forest habitat fragmentation is an important issue for Malagasy Odonata. For example, only tiny fragments of littoral forest, such as here near Tolagnaro, remain for the Endangered endemic *Acisoma ascalaphoides*. (Photo by Kai Schütte.)

Henri Fraise & Fils. Même si l'acétone est inflammable et toxique, son utilisation appropriée sur le terrain, ne pose aucun problème. Comme l'acétone remplace l'eau dans le corps des animaux, les spécimens se dessèchent très rapidement, devenant raides et solides mais avec relativement peu de perte de couleur et de production d'odeur. Sécher des spécimens morts sans acétone n'a de succès que dans des climats secs ; mais même là, les spécimens peuvent devenir marron, malodorants et moisis. Une période de séchage prolongée peut aussi augmenter le risque d'endommager les insectes.

body, specimens dry very quickly, becoming stiff and sturdy, with relatively little color loss and odor development. Drying dead specimens without acetone is only successful in dry climates, but even there specimens can become brown, smelly, and moldy. The prolonged period of drying also increases the risk of insect damage.

Dipping the specimen in acetone kills it and makes the body limp, which in turn allows it to have the abdomen straightened, the legs stretched, and the wings folded above the body. As the sexual organs in damselflies can often provide important systematic characters, at this stage of preparation

Le fait de plonger le spécimen dans de l'acétone tue l'insecte et rend son corps mou ; ce qui permet alors d'étirer l'abdomen, de déployer les pattes et de plier les ailes au-dessus du corps. Comme les organes sexuels des demoiselles peuvent souvent offrir des caractéristiques systématiques importantes, ce stade de la préparation est le meilleur moment pour dégager le pénis, surtout chez les *Proplatycnemis* et les *Pseudagrion*. Leur hampe en form d'arc est toujours visible à l'extérieur de l'ouverture génitale. Insérer précautionneusement le bout d'une épingle fine sous la hampe et glisser le pénis vers le haut et vers l'extérieur.

Immerger les spécimens dans de l'acétone pendant environ 12 heures ; mais ne jamais dépasser les 24 heures. Les individus peuvent être gardés dans une enveloppe ou dans du papier perméable afin d'éviter le déploiement des ailes. Après l'immersion, sortir les spécimens pour les sécher. Un vent léger ou un peu de soleil peut aider ; mais on doit faire attention à ce que les spécimens ne soient pas emportés par le vent ou endommagés par la chaleur excessive. De plus, attention aux potentiels insectes nuisibles, surtout les fourmis ! Suivant les conditions, environ une demi-heure suffit à l'acétone pour s'évaporer (contrôler l'humidité suintant des **métastigmas**). Les spécimens **ténéraux** (fraîchement émergés) sont encore mous et se fripent en séchant ; ils doivent donc être conservés dans de l'éthanol à 70-95 % qui devrait être renouvelé plusieurs fois. Pour des échantillons d'ADN, prélever une patte et la conserver dans de l'éthanol à 95-100 %.

is the best time to extract the penis, especially in *Proplatycnemis* and *Pseudagrion*. Its bow-like stem is always visible externally in the genital opening. Carefully stick the tip of a fine pin under the stem and slide the penis up- and outwards.

Immerse in acetone for about 12 hours, but not exceeding 24 hours. Individuals may be kept in an envelope or under permeable paper to avoid spreading of the wings. Lay the specimens out to dry after soaking. A breeze or some sun helps, but one needs to be careful as specimens may blow away or be damaged by excessive heat. Also, beware of potential insect pests, especially ants! Depending on the conditions, about half an hour is sufficient for the acetone to evaporate (monitor the moisture oozing from the **metastigma**). **Teneral** (freshly emerged) specimens are still soft and will crumple when dried, and are therefore best stored in 70-95% ethanol that should be renewed a few times. For DNA samples remove a leg and store it in 95-100% ethanol.

Store the specimens in stamp envelopes or paper triangles in an airtight container. Silica gel may be added to keep specimens dry and to extract any remaining moisture and can also be used as drying agent if acetone is unavailable. Label each specimen clearly. Essential data are: 1) name of collector; 2) locality name (at least country, region, and name of nearby town); 3) collection date; 4) map or GPS coordinates of the locality; 5) habitat description (see above); 6) altitude; and 7) colors of living specimen. Adding a unique number that can be linked to field notes can also be useful.

PARTIE 1. APERÇU DE LA FAUNE RÉGIONALE DES ODONATES / PART 1. AN OVERVIEW OF THE REGIONAL ODONATA FAUNA

Stocker les spécimens dans des enveloppes ou dans des triangles de papier à l'intérieur d'un récipient hermétique. Du gel de silice peut être ajouté aux spécimens séchés afin d'en extraire la moisissure résiduelle ; ce gel peut aussi servir d'agent desséchant si l'acétone n'est pas disponible. Etiqueter chaque spécimen clairement. Les données essentielles sont : 1) le nom du collecteur ; 2) le nom de la localité (au minimum le pays, la région et le nom de la ville la plus proche) ; 3) la date de collecte ; 4) les coordonnées cartographiques ou les données GPS de la localité ; 5) la description de l'habitat (voir paragraphes précédents) ; 6) l'altitude ; et 7) la couleur du spécimen vivant. L'ajout d'un code unique lié à des notes de terrain peut aussi être utile.

COLLECTER DES LARVES ET LEURS PEAUX

Même si cet ouvrage ne traite que de l'identification des odonates adultes, de nombreuses espèces sont plus facilement trouvées sous forme de larves ou d'**exuvies** (peau de larves laissée après l'émergence de l'adulte) ; surtout pour les espèces vivant dans les habitats d'eaux vives, tels les Gomphidés et les Macromiidés. Chercher les exuvies dans la rivière ou le long des rives, sur les rochers ou végétation, juste au-dessus de la surface de l'eau jusqu'à une hauteur d'environ 50 cm. Certaines larves vont se déplacer à plusieurs mètres du bord de l'eau pour émerger. Les odonates préfèrent les supports verticaux pour leur émergence (par ex. des plantes, des racines d'arbre, des talus abrupts,

COLLECTING LARVAE AND THEIR SKINS

Although this book only discusses the identification of adult Odonata, many species are more easily found as larvae or **exuviae** (the larval skin left behind after emergence of the adult), particularly for species occurring in running water habitats, such as gomphids and macromiids. Look for exuviae on river and stream banks, boulders or vegetation, from just above the water surface to a height of about 50 cm. Some larvae will travel several meters from the water edge to emerge. Odonates prefer vertical substrates for emergence (e.g., plants, tree roots, steep banks, rock faces), but may also be found on horizontal substrates (floating plants, flat banks). When you catch a freshly emerged adult (which is still very pale, soft, and shiny) that has flown up from the waterside, try looking for its exuviae.

Exuviae are nothing more than dried skin, making them vulnerable and legs easily break off when you remove them from the substrate; by splashing some water on it, the exuviae becomes softer and less brittle. Exuviae must be stored dry in small containers that close tightly. Exuviae will often be moist after collecting and may become moldy in a closed container. Dry exuviae in the sun, or make a hole in the lid, so moisture can escape. Notes about the emergence site (place, height, and substrate) can be useful.

An important purpose of searching for larvae is rearing them to adult. Because **odonatology** has traditionally focused on adults, many interesting discoveries may

des parois de rocher) mais ils peuvent aussi se retrouver sur des substrats horizontaux (par ex. des plantes flottantes, des rives plates). Si vous attrapez un adulte récemment émergé (d'apparence très pâle, encore mou et brillant) s'envolant du bord de l'eau, essayez de trouver son exuvie.

Les exuvies ne sont rien de plus que de la peau sèche, ce qui les rend fragiles avec les pattes qui se détachent facilement quand vous essayez de les détacher du substrat. En les mouillant d'un peu d'eau, les exuvies deviennent plus souples et moins cassantes. Les exuvies doivent être conservées dans de petits récipients hermétiques. Les exuvies sont souvent humides après leur collecte et peuvent moisir à l'intérieur d'un récipient fermé. Séchez les exuvies au soleil ou pratiquez un trou dans le couvercle du récipient afin que l'humidité puisse s'échapper. Prendre des notes sur le site d'émergence (place, hauteur et substrat) peut s'avérer utile.

L'objectif principal de la recherche de larves est leur élevage. Parce que l'**odonatologie** s'est traditionnellement focalisée sur les adultes, de nombreuses découvertes intéressantes pourraient émerger à partir de l'élevage des larves. Une passoire de cuisine métallique ou un robuste filet pour amphibiens suffisent pour explorer les micro-habitats des larves (les herbes, la vase, les racines, les litières de feuilles, le limon ou le sable). Que ce soit pour l'identification ou pour l'élevage, il vaut mieux avoir des larves en fin de croissance. Ces derniers ont des fourreaux alaires bien développés avec une nervation clairement visible. Prendre aussi des notes sur l'habitat des larves ; par

be expected from rearing larvae. A metal kitchen sieve or a sturdy net for amphibians are suitable to probe the aquatic microhabitats of larvae (weeds, silt, gravel, roots, leaf litter, mud or sand). For both identification and rearing, it is best to obtain full-grown larvae. These have well-developed wing-sheaths with clearly visible venation. Take notes about the larval habitat, for example, among plants or buried in sand or mud.

Three main problems are associated with the transportation of living larvae: drying, drowning, and overheating. To make sure that the larva remains moist and oxygenated put it in moist cotton wool or toilet paper, with little or no free water and with plenty of air, in a small, closed container. Moss or other organic material can also be used, but be careful as these may also become rotten. Keeping the larvae in a cool-box at 5-10°C will extend their lifespan.

To rear larvae place them in a tray, basin or aquarium with water and provide some substrate to live among (e.g., sand, plants) and emerge on (e.g., a stick). Feed with small aquatic invertebrates (mosquito larvae, small crustaceans, etc.). Rearing can take anything from a few days to several months, so it is best to cover the rearing containers with mesh or netting, as the adults might emerge (and escape!) at night. Any larvae that have died should be immediately transferred to 70-95% ethanol, which should be refreshed a few times. Larvae have a rather thick skin through which ethanol penetrates slowly. To prevent them from decomposing, prick the body a few times with a fine pin, preferably through the gut.

exemple, cachées parmi les plantes ou enfouies dans le sable ou dans la vase.

Trois principaux problèmes sont associés au transport des larves vivantes : le dessèchement, l'asphyxie et la surchauffe. Pour s'assurer que les larves restent humides et bien oxygénées, placez-les à l'intérieur d'un petit récipient fermé, dans de l'ouate ou dans du papier toilette avec peu ou pas d'eau mais avec beaucoup d'air. De la mousse ou d'autres matières organiques peuvent aussi être utilisées mais faites attention car ces dernières peuvent aussi pourrir. Stocker les larves dans une boîte à 5-10° C allongera aussi leur durée de vie.

Pour élever les larves, les placer dans un plateau, un bassin ou un aquarium avec de l'eau et y apporter un substrat dans lequel où ils pourront vivre (par ex. du sable, des plantes) ainsi qu'un support d'émergence (par ex. une branche). Nourir les larves de petits invertébrés aquatiques (larves de moustiques, petits crustacés, etc.). L'élevage peut prendre de quelques jours à plusieurs mois et il vaut mieux recouvrir les lieux d'élevage avec une grille ou un filet car les adultes peuvent émerger (et s'enfuir !) de nuit. Toute larve morte doit immédiatement être transférée dans de l'éthanol à 70-95 %, à renouveler plusieurs fois. Les larves ont une peau plutôt épaisse à travers laquelle l'éthanol ne peut pénétrer que lentement. Pour éviter la décomposition des larves, piquer le corps à plusieurs endroits avec une épingle fine, de préférence jusqu'aux intestins.

IDENTIFICATION

Most species can be identified in the field, many even by sight, or from photographs. This book also provides a few characters that are best examined under some magnification (e.g., 10x). As previously mentioned, we focus on the identification of adults, especially the mature males that normally comprise about three-quarters of dragonflies and damselflies encountered in the field. For several genera, the characters to identify females are still poorly understood. Many features, like wing venation and markings, apply to females almost as well as males. An example of an exception is that the **anal triangle** and an angular (rather than rounded) **tornus** are present in many **anisopteran** males, but absent in all females (Figure G3 in glossary). Characters of bright coloration and, of course, genitalia are generally male-specific.

Individual variation within a species can be substantial, generally associated with differences in age and environment. At emergence, odonates are soft and shiny (this condition is called **teneral**) and have yet to develop the bright mature adult colors. Furthermore, in many species microscopic scales of reflective wax develop on the thorax and/or abdomen. This **pruinosity** appears in different shades of white, gray or blue, depending on structure and density, for example in the genera *Nesolestes* and *Orthetrum*. Thus, a dragonfly that is yellow with black markings at emergence may become entirely blue

IDENTIFICATION

La plupart des espèces peuvent être identifiées sur le terrain ; nombreuses peuvent même l'être de vue ou à partir de photos. Cet ouvrage indique également quelques caractères qui nécessitent un examen à la loupe (par ex. 10x). Comme mentionné dans les paragraphes précédents, nous nous concentrons sur l'identification des adultes, surtout celle des mâles matures qui forment les trois-quarts des libellules et demoiselles rencontrées sur terrain. Pour de nombreux genres, les critères d'identification des femelles sont encore très mal cernés. De nombreux traits, comme les nervures et les marques sur les ailes, s'appliquent aux femelles tout autant qu'aux mâles. Un exemple d'exception concerne le **triangle anal** et le **tornus** (anguleux au lieu d'être arrondi) qui sont présents chez de nombreux **Anosoptera** mâles mais qui sont absents chez les femelles (Figure G3 dans le Glossaire). Des caractères comme les colorations vives, et bien entendu les génitalia, sont généralement spécifiques aux mâles.

Les variations individuelles à l'intérieur d'une espèce peuvent être importantes, généralement associées à des différences d'âge et d'environnement. A l'émergence, les odonates sont mous et brillants (un état qualifié de **ténéral**) et doivent encore développer les couleurs vives des adultes matures. De plus, chez de nombreuses espèces, des écailles microscopiques de cire réfléchissante se développent sur le thorax et l'abdomen. Cette **pruinosité** apparaît en différentes nuances de blanc, gris ou bleu suivant sa structure et sa

or bright red at maturity. Otherwise the three most variable features are: 1) extent of black markings, 2) numbers of cross-veins and cells in the wings, and 3) body size.

Measurements and counts given in this book are approximate. For example, the hindwing length (measured from base of **costa** to tip) or the number of **antenodal cross-veins** should be regarded as a relative measure of scale rather than an indication of a species' total size range. Also of importance is that these data may originate from different sources that not necessarily used the same measurement techniques. Many species are poorly known and variation may be even greater than currently recognized.

Morphological nomenclature follows a simplified version of the much-used Tillyard-Fraser terminology for wing veins and cells (Figures G1 to G3 in glossary) (27). We have refrained from using abbreviations in the main text except for the abdominal segments, which are numbered from the base, for example, S2 and S8-10 represent the 2nd, 8th, 9th, and 10th (thus the terminal three) abdominal segments. Technical terms (i.e. those not found in an ordinary dictionary) are bold in the main text and defined in the glossary.

PARTIE 1. APERÇU DE LA FAUNE RÉGIONALE DES ODONATES / PART 1. AN OVERVIEW OF THE REGIONAL ODONATA FAUNA

densité ; par exemple, chez les genres *Nesolestes* et *Orthetrum*. Ainsi, une libellule qui est jaune avec des marques noires au moment de l'émergence peut devenir entièrement bleu ou rouge vif à maturité. Par ailleurs, les trois traits les plus variables sont : 1) l'étendue des marques noires ; 2) le nombre de nervures transverses et de cellules sur les ailes ; et 3) la taille du corps.

Les mesures et les nombres donnés dans cet ouvrage sont approximatifs. Par exemple, la longueur des ailes antérieures (de la base de la **coxa** jusqu'à l'extrémité) et le nombre de **nervures transverses anténodales** doivent être considérés comme des ordres de grandeur relatifs plutôt qu'une indication des variations de taille au sein d'une espèce. Il est tout aussi important de noter que ces données peuvent provenir de différentes sources qui n'utilisent pas nécessairement les mêmes techniques de mesure. De nombreuses espèces sont peu connues, et les variations peuvent être plus grandes que celle qui est actuellement reconnue.

La nomenclature morphologique suit la version simplifiée de la terminologie, largement utilisée, de Tillyard-Fraser pour les nervures et les cellules des ailes (Figures G1 à G3 dans le glossaire) (27). Nous nous sommes abstenus d'utiliser des abréviations dans le corps du texte, sauf pour les segments abdominaux qui sont numérotés à partir de la base ; par exemple, S2 et S8-10 représentent le 2ème, 8ème, 9ème et 10ème (donc les trois derniers) segments abdominaux. Les termes techniques (c.-à-d. ceux ne se trouvant pas dans un dictionnaire ordinaire) sont mis en gras dans le corps du texte et définis dans le glossaire.

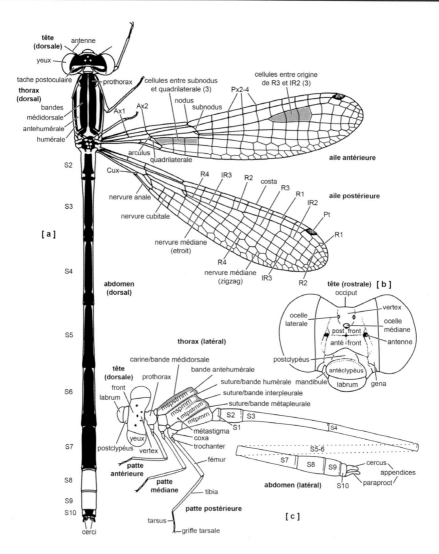

Figure G1. Morphologie des demoiselles (**Zygoptera**). S2 à S10 indiquent les deuxièmes aux dixièmes segments abdominaux. Voir la Figure G3 pour les abréviations utilisées pour les ailes.

PARTIE 1. APERÇU DE LA FAUNE RÉGIONALE DES ODONATES / PART 1. AN OVERVIEW OF THE REGIONAL ODONATA FAUNA

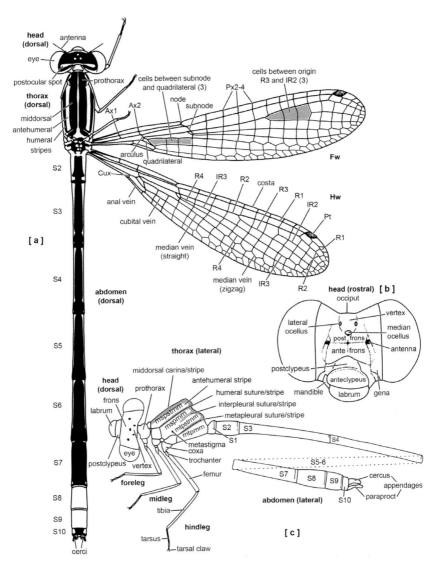

Figure G1. Damselfly (**Zygoptera**) morphology. S2 to S10 indicate the second to tenth abdominal segments. See Figure G3 for abbreviations used for the wings.

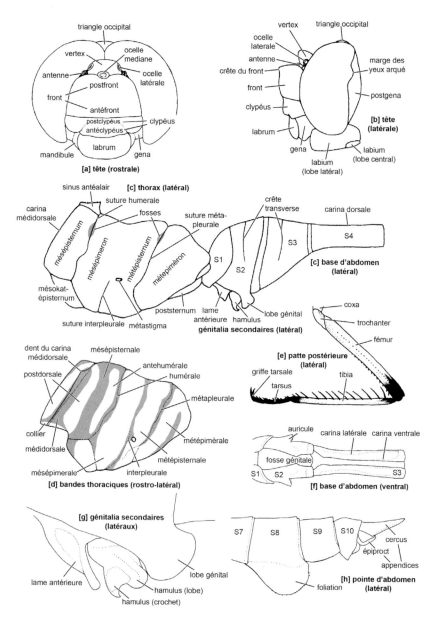

Figure G2. Morphologie du corps des vraies libellules (**Anisoptera**).

PARTIE 1. APERÇU DE LA FAUNE RÉGIONALE DES ODONATES / PART 1. AN OVERVIEW OF THE REGIONAL ODONATA FAUNA

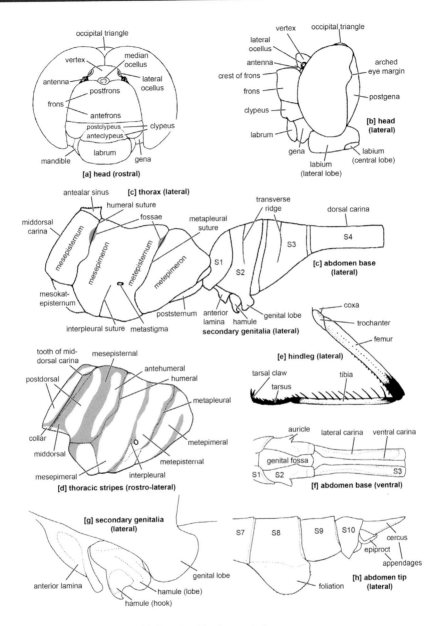

Figure G2. True dragonfly (**Anisoptera**) body morphology.

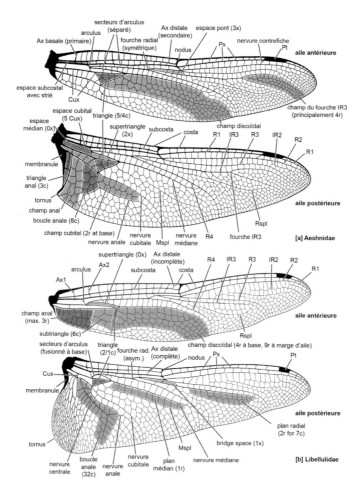

Figure G3. Morphologie des ailes des vraies libellules (**Anisoptera**). Pour illustrer les degrés de variation des différentes structures, une paire d'ailes des deux familles les plus différentes morphologiquement est présentée. Les annotations entre parentheses montrent comment les caractères alaires doivent être lus ; par exemple, combien de cellules (c), rangs de cellules (r) ou de nervures transverses (x) y a-t-il dans une zone particulière. La partie de l'aile entre la base et le **nodus** est qualifiée d'anténodale et celle entre le **nodus** et le **ptérostigma** (Pt) de **postnodale**. La plupart des **nervures transverses anténodales** (Ax) possèdent une section antérieure (**costale**) et une postérieure (**subcostale**) du **subcosta**. Les **nervures transverses postnodales** (Px) ont seulement des sections costales. Ces dernières, ainsi que les **nervures transverses cubitales** (Cux) sont numérotées à partir de la base des ailes ; par exemple, Ax1 et Ax2 sont les premières et secondes à partir de la base. IR2 et IR3, ainsi que R1 et R4 sont des abréviations pour des branches d'une nervure appelée radius (branche à laquelle on ne se réfère nulle part ailleurs dans ce livre). La **nervure médiane supplémentaire** (Mspl) et la **nervure radiale supplémentaire** (Rspl) délimitent respectivement le **plan médian** et le **plan radial**.

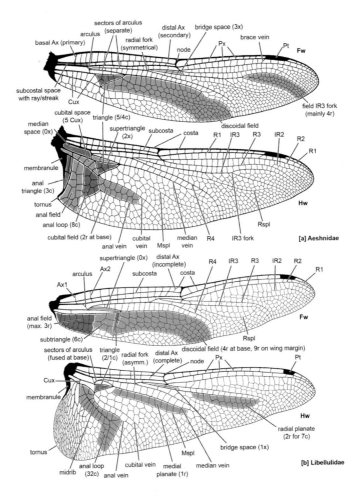

Figure G3. True dragonfly (**Anisoptera**) wing morphology. To illustrate the degree of variation of different structures, a pair of wings from the two most morphologically different families are presented. Annotations in brackets show how wing characters must be read, for example, how many cells (c), cell-rows (r) or cross-veins (x) there are in a particular field. The part of the wing between the base and node is called **antenodal** and that between the node and **pterostigma** (Pt) **postnodal**. Most **antenodal cross-veins** (Ax) have a section anterior (**costal**) and posterior (**subcostal**) of the **subcosta**; **postnodal cross-veins** (Px) only have the costal sections. These and the **cubital cross-veins** (Cux) are numbered from the wing base, for example, Ax1 and Ax2 are first and second from the base. IR2, IR3, and R1 and R4 are abbreviations for branches of a vein called the radius not referred to elsewhere in this book. The **median supplement** (Mspl) and **radial supplement** (Rspl) delimit the **median planate** and **radial planate** respectively.

GLOSSAIRE DÉFINISSANT LES TERMES UTILISÉS

A

Afrotropical, Afrotropiques : (se rapportant au) domaine biologique du sud du Sahara, incluant les îles adjacentes dans les océans Atlantique et Indien.

Anisoptera : Sous-ordre auquel appartiennent les vraies libellules (donc tous les **Odonata** à l'exception des demoiselles).

Anisoptère : Se rapportant aux **Anisoptera**.

Arculus : Nervure transverse sous forme de parenthèse, placée centralement à la base de toutes les ailes et à partir de laquelle partent deux nervures longitudinales.

Auricule : Excroissance sous forme d'oreille sur les côtés de S2 chez certains **Anisoptera** mâles.

B

Bande antéhumérale : Bande pâle sur l'avant du thorax.

Boucle anale : Zone de cellules bien délimitée vers la base des ailes postérieures, à l'arrière de l'**espace cubital** et du **triangle** chez de nombreux **Anisoptera**.

C

Cellule quadrilatérale : Petite cellule à quatre côtés qui se situe vers le milieu de la base des ailes des **Zygoptera**.

Cercoïde : Appendices supérieurs à l'extrémité de l'abdomen.

Champ anal : Zone de cellules entre la **boucle anale** et la base de l'aile postérieure chez les **Anisoptera**.

Champ cubital : Zone de cellules entre les nervures cubitales et anales, particulièrement notable sur les ailes postérieures des **Anisoptera**.

Champ discoïdal : Zone de cellules entre les nervures médianes et

GLOSSARY OF TERMS

A

Afrotropical, Afrotropics: (Pertaining to) the biological realm south of the Sahara, including the islands in the adjacent Atlantic and Indian Oceans.

Anal field: Field of cells between the **anal loop** and hindwing base in Anisoptera.

Anal loop: Well-demarcated field of cells in the basal part of the hindwing posterior to **cubital space** and **triangle** in many **Anisoptera**.

Anal triangle: Well-demarcated triangular field of cells beside the **membranule** in some **Anisoptera** males.

Anisoptera: The suborder to which the true dragonflies (thus all **Odonata** except damselflies) belong.

Anisopteran: Pertaining to **Anisoptera**.

Antehumeral stripe: Pale stripe on the front of the thorax.

Antenodal cross-veins (Ax): Short veins perpendicular to leading edge of wing, between wing base and **node**.

Anterior lamina: Most anterior part of the **secondary genitalia**, in front of the **hamule**.

Arculus: Bracket-like cross-vein centrally in the base of all wings from which two longitudinal veins originate.

Auricle: Ear-like protrusion on the sides of S2 in some male **Anisoptera**.

B

Bridge space: Small triangular field below the **subnodes**; all veins that slant towards the wing base that stand basal to those slanting towards the wing tips lie in this space.

cubitales, particulièrement notable sur les ailes antérieures des **Anisoptera**.
Costa : Nervure constituant le bord antérieur sur toutes les ailes.

E
Endémique : Se dit d'un **taxon** (une espèce, un genre, etc.) qui est confiné à une partie limitée du monde ; par exemple Madagascar ou Maurice.
Entrer en diapause : entrer dans la phase d'arrêt du développement de l'organisme pendant la période défavorable et attendre la saison des pluies loin des eaux en tant qu'adulte.
Epiproct : Appendice inférieur à l'extrémité de l'abdomen des **Anisoptera** mâles.
Espace cubital : Zone entre le **triangle** et la base des ailes chez les **Anisoptera**.
Espace pont : Petite zone triangulaire en-dessous des **subnodus** ; toutes les nervures qui s'inclinent vers la base des ailes formant le support de toutes celles obliquant vers la pointe des ailes constituent cet espace.
Espace subcostal : Etroite zone des ailes, postérieure au **subcosta**.
Espèce type : Espèce définissant un genre.
Exuvie : Peau larvaire abandonnée après l'émergence de l'adulte.

F
Front : Partie supérieure de la face, directement à l'avant et au-dessous des antennes ; semblable à un nez chez les **Anisoptera**.

G
Génitalia secondaire : Organe mâle complexe servant à stocker et à transférer le sperme, situé sous la base de l'abdomen.
Griffe tarsale : Crochet, présent par paire, à l'extrémité de toutes les pattes.

C
Cercus (plural cerci)**:** Upper appendages on abdomen tip.
Costa: Leading vein of all wings.
Cubital cross-vein (Cux): Short vein(s) that (almost) abuts the hind border closest to the wing base in **Zygoptera** or that lies in the **cubital space** in **Anisoptera**.
Cubital field: Field of cells between the cubital and anal veins, most notable in hindwings of **Anisoptera**.
Cubital space: Field between the **triangle** and wing base in **Anisoptera**.

D
Discoidal field: Field of cells between the median and cubital veins, most notable in forewings of **Anisoptera**.

E
Endemic: A **taxon** (e.g. species or genus) being confined to a limited part of the world, e.g. Madagascar or Mauritius.
Epiproct: Lower appendage on abdomen tip of male **Anisoptera**.
Exuviae: Larval skin left behind after emergence of the adult.

F
Frons: Forehead, i.e. upper part of the face directly in front of and below the antennae, which is like a nose in **Anisoptera**.

G
Genital lobe: Most posterior part of the **secondary genitalia**, behind the **hamule**.

H
Hamule: Central often rather hook-like part of the **secondary genitalia**, between the **anterior lamina** and **genital lobes**.
Holotype: Specimen from which a species was originally described.

H
Hamulus : Partie centrale, souvent en forme de crochet, du **génitalia secondaire**, entre la **lame antérieure** et les **lobes génitaux**
Holotype : Spécimen à partir duquel une espèce a été originellement décrite.

I
Insulaire : Relatif aux îles, telles que celles de la partie occidentale de l'océan Indien.

L
Labium : Pièce buccale recouvrant la partie inférieure de la tête.
Labrum : Plaque en forme de lèvre couvrant la partie supérieure de l'ouverture buccale.
Lame antérieure : Partie la plus antérieure du **génitalia secondaire**, devant le **hamulus**.
Lobe génital : Majeure partie postérieure **du génitalia secondaire**, derrière le **hamulus**.
Lobe thoracique postérieur : Section sous forme de collier dans la partie postérieure du **prothorax**.

M
Membranule : Petite membrane tout à la base de l'aile et qui n'est pas hyaline, allant d'un blanc opaque au gris foncé.
Métastigma : Point (en réalité une ouverture trachéale) sur le côté du thorax.
Monotypique : **Taxon** (par ex. un genre ou une famille) avec seulement une espèce.

N
Nervure médiane supplémentaire (Mspl) : Nervure longitudinale en forme d'arc dans la partie anténodale (moitié basale) de l'aile des **Anisoptera**.
Nervure radiale supplémentaire (Rspl) : Nervure longitudinale en forme

I
Insular: Pertaining to islands, such as those in the western Indian Ocean.

L
Labium: Mouthpart that covers the underside of the head.
Labrum: Lip-like plate that covers the upperside of the mouth opening.

M
Malagasy Region: Area covered in this book, which includes Madagascar and the Comoros, Mascarenes and Seychelles.
Median planate: Field of one or more rows of cells in front of **median supplement** in **Anisoptera** wings.
Median supplement (Mspl): Bow-like longitudinal vein in antenodal part (basal half) of **Anisoptera** wing.
Membranule: Small membrane at extreme base of wing that is not clear, but opaquely white to dark grey.
Metastigma: Spot (actually a tracheal opening) on side of thorax.
Monotypic: A **taxon** (e.g. genus or family) with only one species.

N
Node: Break or kink roughly in middle of leading edge of wings.
Nomen nudum: A taxonomic name (e.g. of a species) without information on the identity of the **taxon**.

O
Occipital triangle: Triangular section at back and top of head separating the eyes in **Anisoptera** (except Gomphidae).
Odonata: The insect order to which both dragonflies and damselflies belong.
Odonatology, Odonatologist: The study and students of dragonflies and damselflies (**Odonata**).

d'arc dans la partie postnodale (moitié extérieure) de l'aile des **Anisoptera**.
Nervure transverse cubitale (Cux) : Courte nervure qui vient (presque) s'accoler au bord postérieur au plus près de la base de l'aile chez les **Zygoptera** ou qui occupe dans l'**espace cubital** chez les **Anisoptera**.
Nervure transverse anténodale (Ax) : Courte nervure perpendiculaire à la marge antérieure de l'aile, entre la base de l'aile et le **nodus**.
Nervure transverse postnodale (Px) : Courte nervure perpendiculaire à la marge antérieure des ailes, entre le **nodus** et le **ptérostigma**.
Nodus : Discontinuité ou irrégularité au milieu à la marge antérieure des ailes.
Nomen nudum : Dénomination taxonomique (par ex. pour une espèce) sans aucune information sur l'identité du **taxon**.

O

Odonata : Ordre des insectes auquel appartiennent les libellules et les demoiselles.
Odonatologie, Odonatologiste : Science et scientifique spécialisés en libellules et demoiselles (**Odonata**).
Ovipositeur : Dispositif pour déposer les œufs, situé sous l'extrémité de l'abdomen des femelles.

P

Paraproct : Appendice inférieur à l'extrémité de l'abdomen des **Zygoptera** mâles.
Phytotelme : Petite poche d'eau retenue dans les plantes ; par exemple, dans les cavités des arbres ou dans les replis des feuilles.
Plan médian : Zone composée d'une ou de plusieurs rangées de cellules devant la **nervure médiane supplémentaire** sur les ailes des **Anisoptera**.

Ovipositor: Egg-laying apparatus below abdomen tip of female.

P

Paraproct: Lower appendage on abdomen tip of male **Zygoptera**.
Phytotelmata: Small pockets of water held in plants, e.g. tree holes or folds in leaves.
Postnodal cross-veins (Px): Short veins perpendicular to leading edge of wing, between **node** and **pterostigma**.
Postocular spot: Pale marking beside eyes at back of head of **Zygoptera**.
Prothoracic hindlobe: Collar-like posterior section of the **prothorax**.
Prothorax: Small front section of the thorax (carrying the front legs) that connects to the head.
Pruinose, Pruinosity: Microscopic scales of reflective wax in different shades of white, grey or blue that develop on the body with maturity.
Pterostigma (Pt): Thickened and often distinctly coloured spots on leading edge of wings close to their tips.

Q

Quadrilateral cell: Small four-sided cell that lies closest to base in centre of **Zygoptera** wings.

R

Radial planate: Field of one or more rows of cells in front of **radial supplement** in **Anisoptera** wings.
Radial supplement (Rspl): Bow-like longitudinal vein in postnodal part (outer half) of **Anisoptera** wing.
Radiation: A notable evolutionary diversification of similar species, usually within a distinct space or time, such as in rivers on Madagascar

Plan radial : Zone composée de une ou de plusieurs rangées de cellules devant la **nervure radiale supplémentaire** sur les ailes des **Anisoptera**.
Prothorax : Partie antérieure du thorax, reliée à la tête et portant les pattes antérieures
Pruinose, Pruinosité : Ecailles microscopiques composées de cire réfléchissante de diverses nuances de blanc, gris ou bleu et qui se développent sur le corps suivant la maturité.
Ptérostigma (Pt) : Zone épaissie souvent distinctement colorée, sur le bord antérieur des ailes, près de leur extrémité.

R
Radiation : Diversification notable d'un point de vue évolutif de plusieurs espèces similaires, généralement en un temps et endroit bien déterminé, comme dans les rivières de Madagascar.
Région malgache : Région couverte dans cet ouvrage, comprenant Madagascar et les Comores, les Mascareignes et les Seychelles.

S
Section subcostale : Partie de la **nervure transverse anténodale** localisée dans l'**espace subcostal**.
Série-type : Ensemble de spécimens à partir desquels une espèce a été originellement décrite.
Subcosta : Nervure longitudinale directement à l'arrière de la nervure principale dans la partie anténodale (moitié basale) de toutes les ailes.
Subnodus : Nervure transverse épaisse parcourant deux cellules à partir du **nodus** de l'aile.
Supertriangle : Cellule clairement allongée et plus ou moins triangulaire s'étendant sur la face antérieure

S
Secondary genitalia: Complex male organ to store and transfer sperm below the abdomen base.
Seep: Place where water oozes from the ground.
Siccatate: To await the rainy season away from water as adult.
Subcosta: Longitudinal vein directly behind the leading vein in the antenodal part (basal half) of all wings.
Subcostal sections: Part of the **antenodal cross-veins** that lies in the **subcostal space**.
Subcostal space: Narrow field of the wing posterior to the **subcosta**.
Subnode: Thick cross-vein that runs two cells down from the wing's **node**.
Supertriangle: Distinctly elongated and roughly triangular cell that lies on the anterior side of the **triangle** in wing of **Anisoptera**.

T
Tarsal claw: Small paired hooks at tips of all legs.
Taxon (plural **taxa):** Subspecies, species, genus or other taxonomic rank.
Teneral: Freshly emerged individual that is still soft and shiny.
Tornus: Posterior corner of hindwing base in **Anisoptera**.
Triangle: Distinctly triangular cell that lies centrally in basal portion of wing in **Anisoptera**.
Type series: Specimens from which a species was originally described.
Type species: Species that defines a genus.

V
Vertex: Section of face enclosed by three ocelli, single-celled eyes found between the compound eyes.

du **triangle** sur les ailes chez les **Anisoptera**.

T
Tache postoculaire : Marque pâle à côté des yeux à l'arrière de la tête des **Zygoptera**.

Taxon (pluriel, taxa) : Sous-espèce, espèce, genre ou autre rang taxonomique.

Ténéral : Individu récemment émergé qui est encore mou et brillant.

Tornus : Angle formé au coin postérieur de la base des ailes postérieures chez certains mâles d'**Anisoptera**.

Triangle anal : Zone de cellules triangulaire et bien délimitée à côté de la **membranule** chez certains **Anisoptera** mâles.

Triangle occipital : Section triangulaire sur la partie supérieure à l'arrière de la tête, séparant les yeux chez les **Anisoptera** (sauf chez les Gomphidae).

Triangle : Cellule nettement triangulaire située au centre de la partie basale des ailes chez les **Anisoptera**.

Vertex : Partie de la face comprise entre les trois ocelles (des yeux à cellule unique) situés entre les yeux composés.

Z
Zone de suintement : Endroit où l'eau exsude du sol.

Zygoptera, Zygoptère : Sous-ordre auquel appartiennent toutes les demoiselles.

Z
Zygoptera: The suborder to which all damselflies belong.

PARTIE 2. LES ODONATES DE LA RÉGION MALGACHE / PART 2. THE ODONATA OF THE MALAGASY REGION

INTRODUCTION

Les familles de cette liste sont présentées suivant l'ordre phylogénétique (8, 29, 30), tandis que les genres et les espèces qu'elles englobent sont arrangés suivant l'ordre alphabétique. Cet arrangement diffère parfois à certains endroits du texte où les genres et espèces d'apparences similaires sont regroupés. Pour chacune des espèces listées, nous précisons : le nom scientifique ; les noms vernaculaires en anglais et en français ; la liste non-exhaustive des synonymes confirmés et potentiels ; le statut selon la Liste Rouge (CR : espèce En danger critique d'extinction ; DD : espèce aux Données insuffisantes ; EN : espèce En danger ; LC : espèce de Préoccupation mineure ; NA : espèce Non évaluée ; NT : espèce Quasi menacée ; VU : espèce Vulnérable), le numéro de la figure correspondante, si une illustration est fournie ; la distribution sur les continents (Afrique, Eurasie) et dans les principales îles de la région (Mad : Madagascar, GCo : Grande Comore, Anj : Anjouan, Moh : Mohéli, May : Mayotte, Mau : Maurice, Reu : La Réunion, Rod : Rodrigues, Mah : Mahé, Pra : Praslin, LDi : La Digue, Ald : Aldabra, Ass : Assumption, Glo : Glorieuse, Cos : Cosmolédo).

Les espèces continentales communes dont la présence n'a pas pu être vérifiée dans les îles de la **Région malgache** sont : *Ceriagrion suave*

INTRODUCTION

The families in this checklist are listed in phylogenetic order (8, 29, 30), the genera and species within them arranged alphabetically. This order differs in places within the following text, where genera and species that look similar are grouped together. For the different listed species, we provide scientific names; English and French vernacular names; non-exhaustive confirmed and possible synonyms; Red List status (CR: Critically Endangered; DD: Data Deficient; EN: Endangered, LC: Least Concern; NA: Not Assessed; NT: Near Threatened; VU: Vulnerable); figure number if illustrated, and confirmed distribution on continents (Africa, Eurasia) and main regional islands: Mad: Madagascar, GCo: Grande Comore, Anj: Anjouan, Moh: Mohéli, May: Mayotte, Mau: Mauritius, Reu: La Réunion, Rod: Rodrigues, Mah: Mahé, Pra: Praslin, LDi: La Digue, Ald: Aldabra, Ass: Assumption, Glo: Glorieuse, Cos: Cosmolédo.

Common continental species whose presence could not be verified on islands in the **Malagasy Region** are *Ceriagrion suave* Ris, 1921, *Crocothemis sanguinolenta* (Burmeister, 1839), *Orthetrum brachiale* (Palisot de Beauvois, 1817), *O. caffrum* (Burmeister, 1839), *O. chrysostigma* (Burmeister, 1839), *Trithemis furva* Karsch, 1899, and *T. stictica* (Burmeister, 1839).

Ris, 1921, *Crocothemis sanguinolenta* (Burmeister, 1839), *Orthetrum brachiale* (Palisot de Beauvois, 1817), *O. caffrum* (Burmeister, 1839), *O. chrysostigma* (Burmeister, 1839), *Trithemis furva* Karsch, 1899 et *T. stictica* (Burmeister, 1839).

Des espèces non encore décrites mais qui sont illustrées dans cet ouvrage ont été incluses dans la liste avec leurs noms vernaculaires de sorte que ces espèces puissent être distinguées. De plus, nous avons connaissance d'au moins 20 espèces de la région en instance d'être décrites, dont au moins cinq espèces de *Nesolestes*, deux de *Protolestes*, deux de *Tatocnemis*, une de *Proplatycnemis*, au moins trois de *Pseudagrion*, une de *Anaciaeschna* (voir le texte sur le genre), une de *Isomma* et deux de *Nesocordulia*, ainsi qu'une espèce pour chacun des genres *Diplacodes*, *Zygonyx* et éventuellement *Archaeophlebia* et *Malgassophlebia*.

DEMOISELLES — ZYGOPTERA

Les demoiselles sont généralement de petite taille, au corps grêle, avec une faible capacité de vol, quoique *Phaon rasoherinae* soit plus grande et plus robuste. Leurs yeux sont largement séparés. Les ailes antérieures et postérieures sont similaires de par la forme et la nervation ; au repos, les ailes sont souvent repliées ensemble au-dessus du corps ou de part et d'autre de l'abdomen. Dans le monde, plus de 30 familles existent mais seulement sept se rencontrent dans la

Undescribed species that are illustrated in the book have been included in the list and given vernacular names so they can be distinguished. Including those, we are aware of at least 20 species from the region that must still be described, of which at least five in *Nesolestes*, two in *Protolestes*, two in *Tatocnemis*, one in *Proplatycnemis*, at least three in *Pseudagrion*, one in *Anaciaeschna* (but see genus text), one in *Isomma*, two in *Nesocordulia*, and one each in *Diplacodes*, *Zygonyx* and possibly *Archaeophlebia* and *Malgassophlebia* as well.

DAMSELFLIES — ZYGOPTERA

Damselflies are generally small, slender, and with weak flight, although *Phaon rasoherinae* is larger and more robust. The eyes are widely separated. The fore- and hindwings are similar in shape and venation, and when resting often folded together above or beside the abdomen. Worldwide over 30 families are recognized, but only seven occur in the **Malagasy Region**, although two of these (Protolestidae and Tatocnemididae) are endemic.

OPEN-WINGED DAMSELFLIES — LESTIDAE, ARGIOLESTIDAE, PROTOLESTIDAE, AND TATOCNEMIDIDAE

While most of the world's damselfly species perch with closed wings, almost 40% in the **Malagasy Region** often rest with them open. However, the genera they belong to are not closely related, while *Protolestes* and

Région malgache avec deux familles (Protolestidae et Tatocnemididae) endémiques de la zone.

DEMOISELLES AUX AILES OUVERTES — LESTIDAE, ARGIOLESTIDAE, PROTOLESTIDAE ET TATOCNEMIDIDAE

Alors que la plupart des espèces de demoiselles à travers le monde se perchent avec les ailes fermées, presque 40 % de celles de la **Région malgache** ont les ailes ouvertes au repos. Cependant, les genres auxquels elles appartiennent ne sont pas étroitement reliés ; d'ailleurs, il est fréquent que les *Protolestes* et les *Tatocnemis* ferment (à moitié) leurs ailes. De plus, le genre endémique *Paracnemis*, bien qu'appartenant à une famille qui ferme généralement les ailes, maintient les siennes à moitié ouvertes.

Plus de 40 genres et 300 espèces ont auparavant été assignés aux Megapodagrionidae, surtout concentrés en Asie australe, en Amérique tropicale et à Madagascar. Cet assemblage hétérogène semble être constitué d'une multitude de familles de parenté éloignée. Mis à part trois genres avec plus de 35 espèces à Madagascar, le groupe est très faiblement représenté dans les **Afrotropiques**. Le genre **monotypique** *Allolestes* des Seychelles, les deux espèces de *Neurolestes* réparties du sud-est du Nigéria à l'ouest du Congo, ainsi que les *Nesolestes* de Madagascar sont actuellement placés dans la

Tatocnemis also frequently (half) close the wings. Moreover, the endemic genus *Paracnemis*, while belonging to a family of generally obligate wing-shutters, often holds them half-open.

Over 40 genera and 300 species have previously been assigned to the Megapodagrionidae, with concentrations in Australasia, tropical America, and Madagascar. This heterogeneous assemblage has been found to consist of multiple distantly related families. Aside from three genera with over 35 species on Madagascar, the group is poorly represented in the **Afrotropics**. The **monotypic** genus *Allolestes* from the Seychelles, two species of *Neurolestes* ranging from southeastern Nigeria to western Congo, and the Malagasy *Nesolestes* are now placed in the family Argiolestidae. Together with *Podolestes* from southeastern Asia, they form the subfamily Podolestinae, while the subfamily Argiolestinae ranges from the Philippines to Australia. The **monotypic** genus *Amanipodagrion* from the East Usambara Mountains of Tanzania and the Malagasy genera *Protolestes* and *Tatocnemis* have recently been confirmed to each form a family of their own.

Finally, over 150 species of Lestidae in nine genera occur worldwide, of which only the genus *Lestes* and about a tenth of the species are **Afrotropical**. These open-winged species are related distantly to other damselflies and are therefore treated first below. They rest with the abdomen hanging rather than holding it more horizontally as most of the species in the above genera tend to do.

famille des Argiolestidae. Ensemble, avec les *Podolestes* du Sud-est asiatique, ils forment la sous-famille des Podolestinae, tandis que la sous-famille des Argiolestinae s'étend des Philippines jusqu'en Australie. Le genre monotypique *Amanipodagrion* de l'Est des Monts Usambara en Tanzanie, ainsi que les genres *Protolestes* et *Tatocnemis* de Madagascar ont récemment été confirmés comme formant chacun leurs propres familles.

En définitive, plus de 150 espèces de Lestidae incluses dans neuf genres existent dans le monde, parmi lesquelles seules celles du genre *Lestes* ainsi qu'environ un dixième des espèces sont **afrotropicales**. Ces espèces à ailes ouvertes n'ont qu'une parenté éloignée avec les autres demoiselles et sont donc traitées en premier dans le texte ci-dessous. Elles se reposent avec l'abdomen suspendu au lieu de garder ce dernier plus horizontalement comme la plupart des espèces des genres précédemment mentionnés ont tendance à le faire.

Les genres à ailes ouvertes peuvent se différencier grâce à la nervation en-dessous du **subnodus**, la nervure transverse épaisse descendant deux cellules à partir du **nodus** de l'aile. Chez les *Lestes*, deux nervures bifurquent à la moitié de la nervure qui relie le subnodus à la **cellule quadrilatérale** à proximité de la base des ailes. Par ailleurs, il existe une cellule triangulaire très distincte en-dessous du subnodus qui, chez les *Nesolestes*, repose entièrement ou en grande partie sur le côté du subnodus le plus proche de la base

The open-winged genera can be separated by the venation below the **subnode**, the thick cross-vein that runs two cells down from the wing's **node**. In *Lestes*, two veins branch off halfway along the vein that connects the subnode to the **quadrilateral cell** that lies close to the wing base. Otherwise, there is a conspicuous triangular cell below the subnode, which in *Nesolestes* lies entirely or largely on the side of the subnode that is closest to the wing base, in *Protolestes* almost directly below the subnode, and in *Tatocnemis* entirely on the wing tip side. Moreover, while there are two rows of cells directly on the wing tip side of this triangular cell in *Nesolestes* and *Tatocnemis*, there are three or four single cells there before the field splits into two rows in *Protolestes*. See the separate accounts to the genera for further details.

Spreadwings — *Lestes* (Figures 22 to 26)

Cosmopolitan, with over 80 species worldwide, 14 in the **Afrotropics**, of which five occur on Madagascar. However, the genus is diverse and with further study, the Malagasy species may well be placed in now disused genera such as *Africalestes*, *Paralestes*, and/or *Xerolestes*. Most species breed in standing and often seasonal waters that can be small and/or densely vegetated, but can also be found far from water.

All species typically perch with the abdomen hanging and wings half-open. They are medium-sized (hindwing 19-24 mm), rather dull and inconspicuous, although often with distinctly blue eyes. Aside from

des ailes. Chez les *Protolestes*, cette cellule repose presque directement en-dessous du subnodus ; et chez les *Tatocnemis*, elle repose sur le côté externe de l'aile. De plus, alors qu'il existe deux rangées de cellules sur le côté externe de cette cellule triangulaire chez les *Nesolestes* et les *Tatocnemis*, il existe trois ou quatre cellules isolées chez les *Protolestes*. Pour de plus amples détails, voir les descriptions détaillées pour chaque genre.

the differences mentioned above, *Lestes* venation is relatively chaotic with fewer aligned cross-veins and more zigzagging longitudinal veins and pentagonal cells. Furthermore, the **pterostigmas** appear rectangular rather than skewed like a rhombus or trapezium. Although certain identification relies on the male appendages, most species also differ in markings. The sexes look similar in *Lestes*, as the illustrated female *L. ochraceus* shows (Figure 23).

Figure 22. Mâle de Leste ocré *Lestes ochraceus*, Mahitsy. Cette espèce peut se montrer presque n'importe où à Madagascar et a même été observée d'Aldabra aux îles Cosmolédo (Seychelles). Alors qu'elle est actuellement considérée comme synonyme de l'espèce rare d'Afrique continentale, elle était auparavant traitée comme étant l'espèce endémique appelée Leste unicolore *L. unicolor*. En général, elle est plutôt d'un marron pâle avec peu de marques sombres, avec des côtés et des appendices de couleur crème. Par contre, les espèces similaires sur le continent africain sont plus variables et peuvent être complètement grisâtres et sombres. (Cliché par Harald Schütz.) / **Figure 22.** Ochre Spreadwing *Lestes ochraceus* male, Mahitsy. This species can show up almost anywhere on Madagascar, recorded even from Aldabra and Cosmolédo Islands (Seychelles). While now considered synonymous with this scarce species on mainland Africa, it has previously been treated as the endemic Plain Spreadwing *L. unicolor*. It is usually rather plainly pale brown, with few dark markings, and cream sides and appendages. However, similar mainland species are variable and can become completely grayish and dark. (Photo by Harald Schütz.)

Lestes — *Lestes* (Figures 22 à 26)

Cosmopolites, avec plus de 80 espèces à travers le monde, il en existe 14 dans les **Afrotropiques**, dont cinq se rencontrent à Madagascar. Néanmoins, le genre est diversifié et, avec des recherches plus approfondies, les espèces malgaches pourraient plutôt se placer dans des genres actuellement inutilisés comme *Africalestes*, *Paralestes* et/ou *Xerolestes*. La plupart des espèces se reproduisent dans des eaux calmes et souvent saisonnières, avec une végétation plutôt rare et/ou dense ; mais elles peuvent aussi être observées loin des eaux.

Typiquement, toutes ces espèces se perchent avec l'abdomen pendant et les ailes à moitié ouvertes. Elles sont de taille moyenne (avec des ailes postérieures de 19-24 mm), plutôt ternes et discrètes mais souvent avec des yeux distinctement bleus. A part les différences mentionnées ci-dessus, la nervation est relativement chaotique avec moins de nervures transverses alignées mais de plus nombreuses nervures longitudinales en zigzag, ainsi que plus de cellules pentagonales. Par ailleurs, les **ptérostigmas** apparaissent plus rectangulaires qu'asymétriques, comme rhomboïdes ou trapézoïdales. Bien que certaines identifications dépendent des appendices mâles, la plupart des espèces se distinguent aussi par leurs motifs. Les deux sexes paraissent similaires chez les *Lestes*, comme le montre la femelle de *L. ochraceus* illustrée (Figure 23).

Figure 23. Femelle de Leste ocré *Lestes ochraceus*, Isalo. (Cliché par Erland Nielsen.) / **Figure 23.** Ochre Spreadwing *Lestes ochraceus* female, Isalo. (Photo by Erland Nielsen.)

Figure 24. Mâle de Leste ardoise *Lestes simulatrix*, Parc National de Zombitse-Vohibasia. L'espèce se rencontre dans les mares, surtout en forêt, à travers tout Madagascar. Sur les individus vivants récemment capturés, les marques sombres du thorax présentent un lustre bronzé et sont nettement discontinues au lieu d'être linéaires ; quoique des portions du thorax et de l'abdomen puissent être fortement couvertes d'une **pruinosité** (Cliché par Phil Benstead.) / **Figure 24.** Slaty Spreadwing *Lestes simulatrix* male, Zombitse-Vohibasia National Park. Occurs at pools, especially in forests, across Madagascar. When fresh, the dark thoracic markings have a bronze sheen and are distinctly broken-up rather than linear, but portions of the thorax and abdomen become extensively **pruinose**. (Photo by Phil Benstead.)

Figure 25. Mâle de Leste sylvestre *Lestes silvaticus*, Parc National de Ranomafana. L'espèce se rencontre dans les bassins humides herbeux à l'intérieur ou près des forêts de l'Est de Madagascar. Le mâle a un corps vert métallique avec des stries thoraciques bleutées, ainsi que S8-10 couverts d'une **pruinosité** à maturité. Le mâle du Leste aux ailes d'or *L. auripennis* est similaire mais présente des ailes avec une teinte jaune et des **paraproctes** fortement divergents. Cette espèce n'est connue que de la forêt humide isolée au nord-ouest d'Analavelona, jusqu'au nord-ouest de Sakaraha où elle a été découverte en 1954 mais sans aucune autre observation depuis. En l'absence de données supplémentaires, elle est considérée comme une espèce En danger. (Cliché par Allan Brandon.) / **Figure 25.** Forest Spreadwing *Lestes silvaticus* male, Ranomafana National Park. Found at grassy wet depressions in or near forest in eastern Madagascar. The male has a green metallic body with bluish thoracic stripes and **pruinose** S8-10 with maturity. The male Golden-winged Spreadwing *L. auripennis* is similar but has yellow-tinged wings and strongly diverging **paraprocts**. This species is known only from the isolated southwestern humid forest of Analavelona, to the northwest of Sakaraha, where it was discovered in 1954 but has not been looked for since. Without further data, it is considered to be Endangered. (Photo by Allan Brandon.)

Figure 26. Mâle de Leste timide *Lestes pruinescens*, Andasibe. Cette espèce, qui pourrait se limiter à l'est de Madagascar, a été trouvée dans de petites zones inondées à laîches à l'intérieur des forêts pluviales ; mais quand elle est dérangée, elle s'envole rapidement dans la canopée. Le mâle est relativement grêle, avec une tache transverse bleue nette sur la moitié externe de S9 (sans **pruinosité**) et des **cercoïdes** incurvés vers le bas. (Cliché par Dave Smallshire.) / **Figure 26.** Shy Spreadwing *Lestes pruinescens* male, Andasibe. This species, which may be restricted to eastern Madagascar, was found at small flooded areas with sedges inside rainforest, and when disturbed flew quickly into the canopy. The male is relatively slender with a distinctive transverse blue spot on the outer half of S9 (not **pruinose**) and down-curved **cerci**. (Photo by Dave Smallshire.)

Iliens — *Nesolestes* et *Allolestes* (Figures 27 à 33)

Jusqu'ici, 15 espèces de *Nesolestes* ont été nommées pour Madagascar. Un unique mâle a été collecté à Mohéli en 1947 et décrit comme étant *N. pauliani*, mais malgré des recherches sur terrain, l'espèce n'a plus été retrouvée et est considérée comme En danger. A Madagascar, de multiples espèces peuvent se trouver ensemble près des **zones de suintement** et des cours d'eau fortement ombragés, ainsi que le long des rivières à corridor boisé plus ouvert. Il est possible que de nouvelles espèces attendent d'être découvertes dans les sites isolés et que cette **radiation** d'Odonata, la deuxième après celle des *Pseudagrion*, est la plus importante dans la région. Le seul autre genre régional d'argiolestide est *Allolestes* qui, aussi En danger, est confiné aux cours d'eau forestiers des trois plus grandes îles granitiques des Seychelles : Mahé, Praslin et Silhouette (Figure 33).

A part la nervation en-dessous du **subnodus** (voir ci-dessus), les *Nesolestes* de Madagascar sont atypiques à cause de la présence de ce qui est appelé **nervure transverse cubitale** située approximativement à mi-chemin entre la première et la deuxième **nervures transverses anténodales**, souvent plus proche de cette dernière d'ailleurs. De plus, les extrémités des ailes sont plus densément nervurées : la colonne de cellules entre le **ptérostigma** et la bordure de l'aile comporte typiquement neuf (parfois huit ou 10) cellules, colonne qui s'éloigne de l'extrémité de l'aile en s'incurvant. Chez les

Islanders — *Nesolestes* and *Allolestes* (Figures 27 to 33)

So far, 15 species of *Nesolestes* have been named from Madagascar. A single male collected in 1947 on Mohéli was described as *N. pauliani*; despite field research, it has not been subsequently found and is considered Endangered. On Madagascar, multiple species may be found together near

Figure 27. Mâle d'Ilien non identifié *Nesolestes* sp., Parc National de Mantadia. (Cliché par Callan Cohen.) / **Figure 27.** Unidentified islander *Nesolestes* sp. male, Mantadia National Park. (Photo by Callan Cohen.)

Figure 28. Mâle d'Ilien non identifié *Nesolestes* sp., Parc National de Masoala. (Cliché par Callan Cohen.) / **Figure 28.** Unidentified islander *Nesolestes* sp. male, Masoala National Park. (Photo by Callan Cohen.)

Figure 29. Mâle d'Ilien non identifié *Nesolestes* sp., Parc National de Ranomafana. (Cliché par Callan Cohen.) / **Figure 29.** Unidentified islander *Nesolestes* sp. male, Ranomafana National Park. (Photo by Callan Cohen.)

Figure 31. Femelle d'Ilien non identifié *Nesolestes* sp., Parc National de Ranomafana. (Cliché par Callan Cohen.) / **Figure 31.** Unidentified islander *Nesolestes* sp. female, Ranomafana National Park. (Photo by Callan Cohen.)

Figure 30. Mâle d'Ilien non identifié *Nesolestes* sp., Parc National de Ranomafana. (Cliché par Callan Cohen.) / **Figure 30.** Unidentified islander *Nesolestes* sp. male, Ranomafana National Park. (Photo by Callan Cohen.)

Figure 32. Mâle d'Ilien doré *Nesolestes ranavalona*, Parc National de Mantadia. Il compte parmi les quelques espèces bien distinctes au sein du genre, étant de grande taille et ayant des marques prononcées de couleur doré (dont la taille diminue avec l'âge), ainsi que des **cercoïdes** et des **paraproctes** de longueur similaire. (Cliché par Callan Cohen.) / **Figure 32.** Gilded Islander *Nesolestes ranavalona* male, Mantadia National Park. Among the few more distinctive species in the genus, being large with bold golden markings (that reduce with age), and **cerci** and **paraprocts** of similar length. (Photo by Callan Cohen.)

Protolestes et les *Tatocnemis* (voir ci-dessous), la nervure transverse cubitale repose près de la première nervure transverse anténodale tandis que, en dessous du ptérostigma, une colonne de sept (parfois six ou huit) cellules s'incurvent plus vers les extrémités des ailes. Par ailleurs, le **labium** des *Nesolestes* est plus long que large, avec une fente centrale qui est plus profonde que large.

Les *Nesolestes* spp. sont de taille moyenne ou de grande taille (avec des ailes postérieures de 24-39 mm) et, à quelques exceptions près (Figure 32), sont superficiellement semblables : principalement noirs avec la face inférieure blanche et des marques thoraciques jaunes discontinues. A maturité, les extrémités du thorax et de l'abdomen peuvent développer des motifs variables

deeply shaded **seeps** and streams, as well as along more open forested rivers. It is likely that new species await discovery in isolated sites and that this odonate **radiation**, now second to *Pseudagrion*, is the largest in the region. The only other regional argiolestid genus is the also Endangered *Allolestes* confined to forested streams on the three largest granitic islands in the Seychelles: Mahé, Praslin, and Silhouette (Figure 33).

Aside from the venation below the **subnode** (see above), *Nesolestes* on Madagascar is unusual for having the so-called **cubital cross-vein** lying roughly halfway the first and second **antenodal cross-vein**, often even closer to the latter. Moreover, the wing tips are more densely veined:

Figure 33. Mâle d'Ilien des Seychelles *Allolestes maclachlanii*, Mahé, Seychelles. De taille relativement petite (ailes postérieures de 19-23 mm), l'espèce ne peut éventuellement être confondue qu'avec le coenagrionide *Leptocnemis cyanops* qui se rencontre dans les mêmes habitats et îles; les deux espèces présentant des marques similaires sur la tête et le thorax. (Cliché par Axel Hochkirch.) / **Figure 33.** Seychelles Islander *Allolestes maclachlanii* male, Mahé, Seychelles. Relatively small (hindwing 19-23 mm) and only likely to be confused with the coenagrionid *Leptocnemis cyanops* known from the same habitat and islands, which has remarkably similar markings on the head and thorax. (Photo by Axel Hochkirch.)

de **pruinosité** blanche. Certaines espèces, comme *N. albicolor*, peuvent devenir complètement blanches ou avoir l'extrémité des ailes antérieures blanches, comme chez *N. alboterminatus*. Ces marques, ainsi que la forme des appendices du mâle (surtout les **paraproctes**) servent de critères de distinction des espèces. Par exemple, de subtiles différences dans les marques indiquent que les quatre mâles assez similaires de *Nesolestes* illustrés ici appartiennent tous à des espèces différentes ; mais aucune des espèces au sein du genre ne peut être identifiée de manière sûre jusqu'à la révision complète du genre. Les femelles de la plupart (mais pas de tous) des *Nesolestes* spp. ont un **ovipositeur** qui s'étend au-delà de l'extrémité de l'abdomen et dont la fonction est inconnue (Figure 31).

Agathes — *Protolestes* (Figures 34 à 39)

Les huit espèces identifiées sont des demoiselles de taille moyenne ou de relativement grande taille (avec des ailes postérieures de 21-32 mm). Limitées à l'Est de Madagascar, elles occupent des habitats similaires à ceux des *Nesolestes*. Elles peuvent facilement être confondues avec les *Nesolestes* et les *Tatocnemis* mais elles sont généralement plus rares, sans **pruinosité** blanche tout en ayant des marques plus prononcées et plus vives. Le genre peut se distinguer le plus facilement en éliminant les genres similaires ; mais il est assez insolite avec sa tête environ trois fois plus large qu'épaisse. Les espèces associées ne peuvent être identifiées avec certitude, tant que le genre n'a pa

the column of cells between the **pterostigma** to wing border typically has neuf (sometimes eight or 10) cells and curves away from the wing tip. In *Protolestes* and *Tatocnemis* (see below) the cubital cross-vein lies near the first antenodal cross-vein, while below the pterostigma a column of seven (sometimes six or eight) cells curves more toward the wing tip. Moreover, the **labium** of *Nesolestes* is longer than wide with the central cleft also deeper than wide.

Nesolestes spp. are medium-sized to large (hindwing 24-39 mm) and with exceptions (Figure 32) superficially alike, mostly black with a white lower face and broken yellow thoracic markings. With maturity, the thorax and abdomen tips may develop variable patterns of white **pruinosity**. Some species, such as *N. albicolor*, become completely white or get white-tipped forewings, like *N. alboterminatus*. These markings and the shape of the male appendages (especially the **paraprocts**) serve as characters for species identification. For example, subtle differences in markings show that the four similar *Nesolestes* males illustrated are all different species, but none of the species in the genus can be reliably identified until it is fully revised. Females of most (but not all) *Nesolestes* spp. have an **ovipositor** that extends well beyond the abdomen tip, the function of which is unknown (Figure 31).

Protos — *Protolestes* (Figures 34 to 39)

The eight named species are medium-sized to fairly large damselflies

Figure 34. Mâle d'un présumé Agate à queue rouge *Protolestes kerckhoffae*, Parc National de Ranomafana. Les S8-10 rougeâtres contrastent avec un corps aux couleurs vives noire et jaune. (Cliché par Callan Cohen.) / **Figure 34.** Presumed Rusty-tipped Proto *Protolestes kerckhoffae* male, Ranomafana National Park. Reddish S8-10 contrasting with the boldly black-and-yellow body. (Photo by Callan Cohen.)

Figure 35. Femelle d'un présumé Agate à queue rouge *Protolestes kerckhoffae*, Parc National de Ranomafana. La femelle ne possède pas d'extrémité rougeâtre, rappelant l'espèce à l'extrémité jaune de la Figure 39. (Cliché par Allan Brandon.) / **Figure 35.** Presumed Rusty-tipped Proto *Protolestes kerckhoffae* female, Ranomafana National Park. The female lacks the reddish tip, recalling the yellow-tipped species in Figure 39. (Photo by Allan Brandon.)

(hindwing 21-32 mm) restricted to eastern Madagascar; they occupy similar habitats to *Nesolestes*. They may be mistaken easily with *Nesolestes* and *Tatocnemis*, but are generally scarcer, lack white **pruinosity**, and with bolder and often more colorful markings. The genus is easiest separated by ruling out similar genera, but is unusual by the wide head being about 3x as broad as deep. The associated species cannot

Figure 36. Mâle d'un présumé Agate marron *Protolestes leonorae*, Parc National de Mantadia. Plus sombre en général, il combine des **ptérostigmas** rouges et des **bandes antéhumérales** pâles. Néanmoins, il faut noter que les espèces peu connues *P. furcatus*, *P. milloti*, *P. rufescens* et *P. simonei* combinent aussi ces deux caractères. (Cliché par Erland Nielsen.) / **Figure 36.** Presumed Maroon Proto *Protolestes leonorae* male, Mantadia National Park. Darker overall, combining red **pterostigmas** and pale **antehumeral stripes**. However, note that the poorly known *P. furcatus*, *P. milloti*, *P. rufescens*, and *P. simonei* also combine these two features. (Photo by Erland Nielsen.)

Figure 37. Mâle d'un présumé Agate sombre *Protolestes* sp., Parc National de Masoala. Cette espèce, probablement encore non décrite, semble similaire à *P. leonorae* de par les **ptérostigmas** rouges, la face sombre avec le **labrum** jaune au bord noir ; mais le thorax et l'abdomen sont presque entièrement sombres sans **bande antéhumérale** pâle distincte. Le mâle d'Agate noir *P. fickei* doit être similaire mais avec supposément des prérostigmas marron foncé. (Cliché par Callan Cohen.) / **Figure 37.** Dark Proto *Protolestes* sp. male, Masoala National Park. This probably undescribed species seems similar to *P. leonorae* by the red **pterostigmas** and dark face with black-edged yellowish **labrum**, but the thorax and abdomen are almost entirely darkened, lacking a distinct pale **antehumeral stripe**. The male of the Black Proto *P. fickei* must be similar, but allegedly has dark brown pterostigmas. (Photo by Callan Cohen.)

Figure 38. Mâle d'un présumé Agate nez-blanc *Protolestes proselytus*, Parc National de Masoala. L'espèce peut rappeler l'Agate sombre (espèce non encore décrite de la Figure 37) mais la face largement blanche et les yeux bleus, les marques claires contrastées sur les côtés du thorax, ainsi que l'absence de rouge, sauf sur les **ptérostigmas** sont distinctifs. (Cliché par Callan Cohen.) / **Figure 38.** Presumed White-nosed Proto *Protolestes proselytus* male, Masoala National Park. Recalls the undescribed Dark Proto (Figure 37), but the largely white face, blue eyes, contrasting pale markings on the thorax sides, and lack of red except on the **pterostigmas** are distinct. (Photo by Callan Cohen.)

été révisé. De nombreuses espèces connues étant encore non décrites, tous les noms donnés ci-dessous restent provisoires.

be identified reliably until the genus is revised, with several unnamed species known, and thus all names given below are tentative.

Figure 39. Mâle fraîchement émergé d'un présumé Agate nez-blanc *Protolestes proselytus*, Parc National de Masoala. Alors que l'espèce apparaît plus proche de *P. kerckhoffae* (quoique S8-10 ne soient pas rougeâtres et qu'il y ait plus de noirs sur les côtés du thorax), ce **ténéral** de la même espèce que celle montrée sur la Figure 38 montre à quel point certains mâles peuvent changer avec la maturité. (Cliché par Callan Cohen.) / **Figure 39.** Presumed White-nosed Proto *Protolestes proselytus* freshly emerged male, Masoala National Park. While appearing closer to *P. kerckhoffae* (although S8-10 are not reddish and there is more black on the thorax sides) this **teneral** of the same species as (Figure 38) shows how dramatically some males can change with maturity. (Photo by Callan Cohen.)

Tatos — *Tatocnemis* (Figures 40 et 41)

Dix espèces sont connues et toutes sont de taille moyenne ou de grande taille (avec des ailes postérieures de 22-32 mm), limitées à l'Est de Madagascar. Elles se distinguent par leurs moeurs et par leur apparence générale, perchées immobiles dans l'ombre des rochers et des plantes, à proximité des cours d'eau à fond pierreux des forêts tropicales. Malgré l'abdomen rouge foncé des mâles, l'espèce est très difficile à détecter.

Mises à part les différences avec les *Nesolestes* et les *Protolestes*

Rockstars — *Tatocnemis* (Figures 40 to 41)

Ten species known and all are medium-sized to fairly large (hindwing 22-32 mm) and restricted to eastern Madagascar. They are distinctive in habits and general appearance, perching motionlessly in deep shade on rocks and plants close above rainforest streams with stony bottoms. Despite the deep red abdomen of males, they are very inconspicuous.

Aside from the differences from *Nesolestes* and *Protolestes* mentioned above, this genus is unique in the region for having wavy rather than

Figure 40. Mâle de Tato commune *Tatocnemis malgassica*, Parc National de Masoala. Probablement l'espèce prédominante de l'est de Madagascar. (Cliché par Callan Cohen.) / **Figure 40.** Common Rockstar *Tatocnemis malgassica* male, Masoala National Park. Probably the predominant species in eastern Madagascar. (Photo by Callan Cohen.)

Figure 41. Femelle de Tato commune *Tatocnemis malgassica*, Parc National de Ranomafana. (Cliché par Michael Post.) / **Figure 41.** Common Rockstar *Tatocnemis malgassica* female, Ranomafana National Park. (Photo by Michael Post.)

mentionnées précédemment, ce genre est unique dans la région pour avoir des extrémités d'ailes ondulées au lieu d'être lisses à cause de deux ou trois excavations dans les bords postérieurs, en dessous des **ptérostigmas**. Les espèces semblent similaires, différant principalement dans les appendices des mâles ; elles ne peuvent donc pas être identifiées avec certitude tant que le genre n'aura pas été révisé. Les femelles de Tatos sont surtout sombres, donc encore moins voyantes que les mâles.

DEMOISELLES AUX AILES FERMEES — PLATYCNEMIDIDAE ET COENAGRIONIDAE

A travers le monde, ces deux familles renferment plus de 1800 espèces et 150 genres et sont placées dans la super-famille des Coenagrionoidea qui smoothly rounded wing tips, caused by two or three shallow excavations in the hind border below the **pterostigmas**. The species seem similar, differing mostly in the male appendages, and cannot be identified reliably until the genus is revised. Female rockstars are largely dark and even less noticeable than males.

SHUT-WINGED DAMSELFLIES — PLATYCNEMIDIDAE AND COENAGRIONIDAE

Worldwide these two families contain over 1800 species and 150 genera and are placed in the superfamily Coenagrionoidea, which forms the largest Odonata **radiation**. The Platycnemididae is a morphologically diverse family of mostly flowing waters with some 470 species and 42 genera in the Old World, especially in tropical Asia and New Guinea, while a sixth of

présente la plus grande **radiation** chez les Odonata. Les Platycnemididae constituent une famille très diversifiée morphologiquement et vivent dans les eaux courantes avec 470 espèces et 42 genres de l'Ancien Monde, surtout en Asie tropicale et en Nouvelle Guinée, alors qu'un sixième des espèces sont concentrées dans les **Afrotropiques**.

Le reste des espèces est placé dans la famille des Coenagrionidae ; quoique l'analyse génétique révèle deux groupes principaux qui pourraient ultérieurement être reconnus comme des familles. Les vrais coenagrionides constituent juste un petit peu plus de la moitié de la diversité mondiale ; mais 86 % des espèces sont présentes dans les **Afrotropiques**. Comme la plupart des espèces vivent dans les eaux stagnantes, elles sont reconnues comme des demoiselles de plans d'eau, même si la plupart des espèces de *Pseudagrion* se reproduisent dans les eaux courantes. Dans la **Région malgache**, seuls les *Ceriagrion* et les *Teinobasis* appartiennent au second et plus petit groupe qui se reconnaît par la présence fréquente d'une crête transverse sur le **front**, entre les antennes ainsi que, dans la plupart des cas, par l'absence de **taches postoculaires**, même si de telles taches sont apparentes chez l'insolite espèce endémique *C. madagazureum*.

Plumipattes — *Proplatycnemis* (Figures 42 à 50)

Les Plumipattes forment une sous-famille distincte connue sous le nom de Platycnemidinae au sein the species are concentrated in the **Afrotropics**.

The remaining species are placed in the family Coenagrionidae, although genetic research reveals two main groups that may be recognized as families in the future. The true coenagrionids make up just over half the diversity worldwide, but 86% of species in the **Afrotropics**. As most species inhabit standing water, they are known as pond damselflies, although most *Pseudagrion* species breed in running water. In the **Malagasy Region**, only *Ceriagrion* and *Teinobasis* belong to the second, smaller group, which is recognized by the frequent presence of a transverse ridge between the antennae on the **frons** and in most cases the absence of **postocular spots**, although such spots are apparent in the unusual endemic *C. madagazureum*.

Featherlegs — *Proplatycnemis* (Figures 42 to 50)

The featherlegs are a distinctive subfamily known as Platycnemidinae within the family Platycnemididae (characterized by broad and brightly colored tibiae). Of about 40 species, over a quarter are restricted to Madagascar and the Comoros. Although traditionally placed in the Palearctic genus *Platycnemis*, these are now classified in *Proplatycnemis*. A single relative is known from one shaded forest stream on Pemba Island, off Tanzania. The Malagasy species favor streams and rivers, as well as shaded pools, often in streambeds.

Males are small to medium-sized (hindwing 16-23 mm) and easily

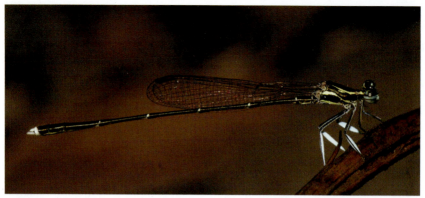

Figure 42. Mâle de Plumipatte tigre *Proplatycnemis malgassica*, Lavasoa-Ambatotsirongorongo. C'est l'espèce la plus répandue mais la moins visible, apparaissant plutôt pâle, à l'exception des tibias et de l'extrémité de l'abdomen de couleur blanche (légèrement bleutée). Les tibias sont relativement étroits et présentent des lignes noires complètes sur la surface extérieure. Les habitats peuvent aller des mares aux rivières ; mais les adultes restent souvent cachés à l'ombre. (Cliché par Kai Schütte.) / **Figure 42.** Dark Featherleg *Proplatycnemis malgassica* male, Lavasoa-Ambatotsirongorongo. The most widespread but least conspicuous species, appearing rather dull aside from the (slightly bluish) white tibiae and abdomen tip. The tibiae are relatively narrow and have complete black lines on the exterior surface. Habitats vary from pools to rivers, but adults are often hidden in the shade. (Photo by Kai Schütte.)

Figure 43. Mâle de Plumipatte pie *Proplatycnemis hova,* Parc National de Mantadia. L'espèce possède une coloration noire et blanche plus contrastée que pour *P. malgassica*, avec des tibias qui sont principalement blancs sur la face extérieure. Comme chez les quatre espèces ci-dessous, *P. hova* est restreinte aux zones les plus humides de l'Est de Madagascar bien qu'elle semble préférer les endroits inondés dans les forêts plutôt que les cours d'eau. (Cliché par Callan Cohen.) / **Figure 43.** Pied Featherleg *Proplatycnemis hova* male, Mantadia National Park. Has more contrasting black-and-white coloration than *P. malgassica* with wider tibiae that are largely white on the exterior surface. Like the four species below, *P. hova* is confined to the moister eastern portions of Madagascar, although it seems to prefer flooded spots in forest rather than streams. (Photo by Callan Cohen.)

de la famille des Platycnemididae (caractérisée par de larges tibias aux couleurs vives). Avec environ 40 espèces, dont plus du quart sont limitées à Madagascar et aux Comores. Bien que traditionnellement placées dans le genre Paléarctique *Platycnemis*, elles sont maintenant classées chez les *Proplatycnemis*. Une seule espèce affiliée est connue d'un ruisseau forestier de l'île de Pemba, au large de la Tanzanie. Les espèces malgaches, elles, préfèrent les ruisseaux et les rivières, ainsi que les mares ombragées, souvent dans les lits de ces cours d'eau.

Les mâles sont de petite ou de moyenne taille (avec des ailes postérieures de 16-23 mm) et sont faciles à identifier par la couleur et la forme des tibias, ainsi que par les marques sur la tête et le thorax. Les caractères distinctifs comprennent :

Figure 44. Mâle de Plumipatte botté *Proplatycnemis alatipes*, Parc National de Ranomafana. L'espèce est remarquablement colorée de noir et blanc comme *P. hova* mais les tibias sont encore plus larges, tandis que les marques noires thoraciques laissent de la place pour un « Z » d'un blanc (bleuté) éclatant au lieu de présenter des stries fines parallèles. Ceci dit, le « Z » est parfois interrompu par une ligne noire. (Cliché par Callan Cohen.) / **Figure 44.** Booted Featherleg *Proplatycnemis alatipes* male, Ranomafana National Park. Boldly black-and-white like *P. hova* but the tibiae are even wider and the black thoracic markings spare out a bold (bluish) white "Z" rather than forming fine parallel stripes; however, the "Z" is sometimes broken in two by a black line. (Photo by Callan Cohen.)

Figure 45. Mâle de Plumipatte disco *Proplatycnemis pseudalatipes*, Parc National de Mantadia. L'espèce est similaire à *P. alatipes* mais sa face est dépourvue de marque noire. Les deux espèces se rencontrent souvent ensemble mais *P. pseudalatipes* semble préférer les ruisseaux plus larges (et sablonneux). Décrit originellement comme une sous-espèce de *P. pseudalatipes*, le mâle de Plumipatte livide *P. pallidus* en diffère par la quasi-absence de marques thoraciques noires. Cette espèce n'est connue que du Parc National de Marojejy. (Cliché par Allan Brandon.) / **Figure 45.** Blue-faced Featherleg *Proplatycnemis pseudalatipes* male, Mantadia National Park. Similar to *P. alatipes* but the face is devoid of black markings. The two often occur together, but *P. pseudalatipes* appears to favor larger (sandy) streams. Described originally as a subspecies of *P. pseudalatipes*, the male Ghost Featherleg *P. pallidus* differs by the almost complete absence of black thorax markings. It is known only from Marojejy National Park. (Photo by Allan Brandon.)

une grosse tête (environ trois fois plus longue que large), des **paraproctes** effilés (plus longs que les **cercoïdes**), des **cellules quadrilatérales** rectangulaires (le bord antérieur étant environ trois fois plus long que le bord distal) avec deux (et non trois) cellules entre elles et le **subnodus**. Alors que leurs marques thoraciques sont similaires à celles de leurs mâles respectifs, les femelles illustrées ici montrent que les sexes dans ce genre ont des apparences très différentes.

Trois espèces sont connues seulement à partir de **série-type**. Le Plumipatte radieux *P. longiventris* de la région de Sambirano possède des pattes orange et un abdomen principalement blanc, quoique qu'il puisse s'agir là de la livrée des immatures. Le Plumipatte de Namoroka *P. protostictoides* pourrait n'être qu'un grand spécimen de *P. malgassica*. Le Plumipatte à tibias orange *P. aurantipes* d'Andasibe

identified by the color and shape of the tibiae and markings of the head and thorax. Distinctive characters include: a wide head (about 3x as broad as deep), slender **paraprocts** (much longer than the **cerci**), and rectangular **quadrilaterals cells** (anterior border about 3x as long as distal border) with two (not three) cells between these and the **subnodes**. While their thoracic markings are similar to their respective males, the illustrated females show that the sexes in this genus appear very different.

Three species are known only from the **type series**. The Radiant Featherleg *P. longiventris* from the Sambirano area has wide orange legs and a largely white abdomen, but these are possibly not mature colors. The Namoroka Featherleg *P. protostictoides* may be a large specimen of *P. malgassica*. The

Figure 46. Mâle de Plumipatte neigeux *Proplatycnemis* sp., Ampasy. Cette espèce non encore décrite se distingue par la tête et le thorax principalement blancs et par les tibias exceptionnellement larges. (Cliché par Kai Schütte.) / **Figure 46.** Poodle Featherleg *Proplatycnemis* sp. male, Ampasy. This undescribed species is distinctive by the largely white head and thorax, and exceptionally wide tibiae. (Photo by Kai Schütte.)

Figure 47. Mâle de Plumipatte sanguin *Proplatycnemis sanguinipes*, Parc National de Ranomafana. L'espèce est facilement reconnaissable par ses pattes de couleur rouge sombre et semble préférer les eaux courantes plutôt ouvertes, y compris les rivières relativement larges. (Cliché par Michael Post.) / **Figure 47.** Blood-red Featherleg *Proplatycnemis sanguinipes* male, Ranomafana National Park. Easily recognized by its deep red-colored legs and seems to prefer rather open running water bodies, including fairly large rivers. (Photo by Michael Post.)

combine les marques et la forme des pattes de *P. hova* mais avec des couleurs plus proches de celles de *P. sanguinipes*.

Orange-legged Featherleg *P. aurantipes* from Andasibe combines the markings and leg shape of *P. hova* with colors closer to *P. sanguinipes*.

Figure 48. Mâle de Plumipatte à tibias bleus *Proplatycnemis agrioides*, Mohéli, Comores. C'est la seule espèce du genre connue à Anjouan, Mohéli et Mayotte et elle est confinée aux cours d'eau forestiers ombragés. Comme elle est plus largement répandue que l'espèce vulnérable *Pseudagrion pontogenes* qui fréquente des habitats similaires, elle est seulement considérée comme Quasi menacée. Le mâle de *P. agrioides* est facilement identifiable par ses marques variables de couleur bleu et par ses tibias seulement étroitement élargis avec des lignes continues noires. L'étendue des marques noires varie et l'espèce *P. melanus* décrite à Anjouan est considérée comme synonyme de *P. agrioides*. (Cliché par Alain Gauthier.) / **Figure 48.** Comoro Featherleg *Proplatycnemis agrioides* male, Mohéli, Comoros. Only species of the genus known from Anjouan, Mohéli, and Mayotte, and confined to shaded forest streams. As it is found more widely than the Vulnerable *Pseudagrion pontogenes* of similar habitats, it is only considered Near Threatened. The male of *P. agrioides* is easily identified by its variable blue markings and only narrowly widened tibiae with complete black lines. The extent of black markings varies and *P. melanus* described from Anjouan is considered as synonymous with *P. agrioides*. (Photo by Alain Gauthier.)

Figure 49. Femelle de Plumipatte botté *Proplatycnemis alatipes*, Parc National de Ranomafana. (Cliché par Erland Nielsen.) / **Figure 49.** Booted Featherleg *Proplatycnemis alatipes* female, Ranomafana National Park. (Photo by Erland Nielsen.)

Figure 50. Femelle de Plumipatte sanguin *Proplatycnemis sanguinipes*, Parc National de Ranomafana. (Cliché par Michael Post.) / **Figure 50.** Blood-red Featherleg *Proplatycnemis sanguinipes* female, Ranomafana National Park. (Photo by Michael Post.)

Pilipattes — *Paracnemis* (Figures 51 et 52)

Ce genre est de taille moyenne (avec des ailes postérieures de 18-23 mm) et est endémique de Madagascar. Il forme la petite sous-famille des Onychargiinae avec le genre tropical asiatique *Onychargia* qui est un groupe-soeur des autres Platycnemididae. Les deux genres se démarquent par leur préférence pour les habitats marécageux et stagnants, typiquement en forêt.

Le Pilipatte oriental *P. alluaudi* est limité aux forêts pluviales de l'Est où il peut être confondu avec les coenagrionides bleus et noirs mais s'en différencient par l'habitat, par les marques (par ex. la bande bleue parcourant le **vertex**) et par les longues soies sur les pattes. Par ailleurs, alors que les membres de la famille ont les ailes fermées au repos, ce genre maintient typiquement les siennes à moitié ouvertes. La femelle est assez similaire au mâle. Le Pilipatte occidental *P. secundaris* est tout aussi similaire, notamment

Whiskerlegs — *Paracnemis* (Figures 51 and 52)

This genus is medium-sized (hindwing 18-23 mm) and endemic to Madagascar. It forms the small subfamily Onychargiinae with the tropical Asian genus *Onychargia* that is the sister-group of remaining Platycnemididae. The two genera are unusual for preferring stagnant swampy habitats, typically in forest.

The Eastern Whiskerleg *P. alluaudi* is restricted to the eastern rainforest, where it can be confused with blue and black coenagrionids, but differs based on habitat, markings (e.g., the blue band through the **vertex**), and the long leg bristles. Moreover, while members of the family normally rest with closed wings, this genus typically holds them half-open. The female is rather similar to the male. The Western Whiskerleg *P. secundaris* is similar, notably by the black-and-blue banded facial pattern and blue upperside of S8-10, but has more blue dorsally on S2-5 and longer

Figure 51. Mâle de Pilipatte oriental *Paracnemis alluaudi*, Sainte Luce, Manafiafy. (Cliché par Stephen Richards) / **Figure 51.** Eastern Whiskerleg *Paracnemis alluaudi* male, Sainte Luce, Manafiafy. (Photo by Stephen Richards.)

Figure 52. Femelle de Pilipatte oriental *Paracnemis alluaudi*, Manafiafy. (Cliché par Stephen Richards.) / **Figure 52.** Eastern Whiskerleg *Paracnemis alluaudi* female, Manafiafy. (Photo by Stephen Richards.)

par les motifs noirs et bleus en bande sur la face, ainsi que par la couleur bleue dorsale sur S8-10 ; cependant, le bleu est plus étendu sur le dessus de S2-5 et ses appendices sont plus longs. Cette espèce n'est connue que par l'**holotype** mâle collecté en 1960 à Beraty, à la limite de la Réserve Spéciale de Manongarivo.

Demoichelles — *Leptocnemis* (Figure 53)

L'unique espèce de ce genre est de taille moyenne (avec des ailes postérieures de 21-24 mm) et était auparavant considérée comme appartenant aux Platycnemididae ; néanmoins, l'aspect épineux du pénis ainsi que la recherche génétique suggère qu'il s'agit d'un coenagrionide, formant éventuellement un groupe-soeur des 1350 autres espèces de la famille. Ainsi, le genre *Leptocnemis* représente une lignée très isolée et peut-être très ancienne qui est confinée aux ruisseaux des trois plus grandes îles granitiques Mahé, Praslin et Silhouette.

Leptocnemis cyanops se reconnaît facilement par ses marques inhabituellement pâles, avec deux taches allongées marquant le **vertex** ainsi que des points isolés sur le devant du thorax. L'espèce ne peut être confondue qu'avec l'argiolestide *Allolestes maclachlanii* qui se rencontre dans les mêmes habitats et îles, et qui présente des marques similaires sur la tête et le thorax. Son statut dans la Liste Rouge est actuellement espèce à Données insuffisantes, mais elle pourrait bien être En danger, tout comme *A. maclachlanii*.

appendages. This species is known only from the male **holotype** collected in 1960 at Beraty on the western border of the Manongarivo Special Reserve.

Seychelles Stream Damsel — *Leptocnemis* (Figure 53)

The only species in the genus is medium-sized (hindwing 21-24 mm) and previously considered to belong in Platycnemididae, but spines on the penis shaft and genetic research suggest it is a coenagrionid, possibly forming the sister-group of all remaining 1350 species in the family. Hence, *Leptocnemis* represents a very isolated and possibly ancient lineage confined to forested streams on the three largest granitic islands (Mahé, Praslin, and Silhouette).

Leptocnemis cyanops is easily recognized by its unusual pale markings, with two elongate spots flanking the **vertex** and isolated dots at the front of the thorax. It can only be confused with the argiolestid *Allolestes maclachlanii* known from the same habitat and islands, which has similar

Figure 53. Mâle de Demoichelle *Leptocnemis cyanops*, Mahé, Seychelles. (Cliché par Axel Hochkirch.) / **Figure 53.** Seychelles Stream Damsel *Leptocnemis cyanops* male, Mahé, Seychelles. (Photo by Axel Hochkirch.)

Ogrions — *Ischnura* (Figures 54 à 56)

Genre cosmopolite d'environ 70 espèces, il affectionne les étendues d'eau stagnantes exposées. Une espèce est répandue dans les **Afrotropiques**, cinq espèces habitent l'Afrique du nord, tandis que Madagascar, Maurice et l'Ethiopie possèdent chacun une espèce endémique. Les mâles sont généralement des demoiselles de petite taille (avec des ailes postérieures de 13-16 mm) similaires aux Bleuets (voir ci-après) et sont reconnaissables par leurs **ptérostigmas** dissemblables : bicolores (sombre et pâle) sur les ailes antérieures et uniformément grisâtres sur les ailes postérieures.

Les deux espèces malgaches sont facilement distinguables des bleuets markings on head and thorax. Its Red List status is currently Data Deficient, but it may well be Endangered like *A. maclachlanii*.

Bluetails — *Ischnura* (Figures 54 to 56)

Cosmopolitan genus of around 70 species, which favors exposed stagnant water bodies. Five species inhabit northern Africa, while Madagascar, Mauritius, and Ethiopia each possess an endemic species; one species is widespread in the **Afrotropics**. Males are small (hindwing 13-16 mm) damselflies similar to bluets (see below), recognized by their dissimilar **pterostigmas**: two-toned (dark and pale) in the forewing and plain grayish in the hindwing.

Figure 54. Mâle d'Ogrion tropical *Ischnura senegalensis*, Ankazomivady. L'espèce se rencontre dans presque toute l'Afrique et s'étend à travers toutes les îles de l'océan Indien de taille raisonnable (y compris Aldabra et Rodrigues) jusqu'en Asie du Sud et au Japon. Elle peut se rencontrer presque partout, étant même tolérante aux eaux salées et polluées (par ex. près des sources chaudes) ; mais elle est absente de la plupart des zones forestières. Le mâle possède sur les ailes antérieures des **ptérostigmas** noirs dont la moitié externe est d'un blanc bleuté, ainsi qu'un S2 au motif noir dorsal élargi à la base et des **paraproctes** qui sont plus longs que les **cercoïdes**. (Cliché par Erland Nielsen.) / **Figure 54.** Tropical Bluetail *Ischnura senegalensis* male, Ankazomivady. Occurs in most of Africa, extending across all Indian Ocean islands of reasonable size (including Aldabra and Rodrigues) to southern Asia and Japan. It can be expected almost anywhere, being tolerant of saline and polluted water (e.g., near hot springs), but is absent from most forested areas. The male has black forewing **pterostigmas** with their outer half blue-white, the black on S2 is distinctly widened at base, S8 is entirely blue, S9 is broadly black on top, and the **paraprocts** are longer than the **cerci**. (Photo by Erland Nielsen.)

et différenciables entre elles par les motifs de l'extrémité bleue de leur abdomen. Le thorax a tendance à être verdâtre, tandis que, chez les femelles immatures, il peut être ostensiblement

The two Malagasy species are easily separated from the bluets and each other by the pattern on their blue tail-end. The thorax tends to be greenish, while immature females

Figure 55. Femelle d'Ogrion tropical *Ischnura senegalensis*, Anja. Cette femelle est d'un orange vif comme c'est le cas chez de nombreux *Ischnura* spp. (Cliché par Erland Nielsen.) / **Figure 55.** Tropical Bluetail *Ischnura senegalensis* female, Anja. This female is bright orange, as seen in many *Ischnura* spp. (Photo by Erland Nielsen.)

Figure 56. Mâle d'Ogrion malgache *Ischnura filosa*, Ankazomivady. A Madagascar, l'espèce est présente localement dans les marais herbeux, souvent avec des mouvements d'eau. Le mâle présente des **ptérostigmas** blancs avec un centre marron sur les ailes antérieures ; le motif noir sur S2 est d'une largeur uniforme ; S8 et S9 sont tous les deux bleus avec une marque noire basale sur chaque côté ; et les **paraproctes** sont à peu près aussi longs que les **cercoïdes**. Les nombreuses protubérances rouges à la base des ailes du mâle montré sur l'illustration sont des acariens parasites qui peuvent se retrouver sur de nombreuses espèces d'odonates. (Cliché par Erland Nielsen.) / **Figure 56.** Madagascar Bluetail *Ischnura filosa* male, Ankazomivady. Occurs locally in grassy marshes on Madagascar, often with some water flow. The male has white forewing **pterostigmas** with a brown center, the black marking on S2 is even in width, S8 and S9 are similarly blue with a black basal mark on each side, and the **paraprocts** are about as long as the **cerci**. The numerous red knobs at the wing bases of the illustrated male are parasitic mites, which can be found on many species of Odonata. (Photo by Erland Nielsen.)

orange. Aucun Ogrion mauritien *I. vinsoni* n'a été signalé depuis 1947 et il est possible qu'il soit éteint, tout en étant actuellement considéré comme espèce à Données insuffisantes sur la Liste Rouge. Il est similaire à *I. senegalensis* mais présente des appendices différents ainsi que des S8-9 tous bleus avec des stries noires sur les côtés.

can be conspicuously orange. The Mauritius Bluetail *I. vinsoni* has not been reported since 1947 and may be extinct, being presently considered Data Deficient on the Red List. It is similar to *I. senegalensis* but has different appendages and S8-9 all blue with black streaks on the sides.

Bleuets — *Africallagma* et *Azuragrion* (Figures 57 à 60)

Auparavant tous classés en *Enallagma*, 12 *Africallagma* spp. sont endémiques d'Afrique, de Madagascar et des Mascareignes. Les six *Azuragrion* spp. ont aussi atteint les Comores, l'île de Socotra et l'Arabie mais pas les Mascareignes et semblent proches de *Amphiallagma parvum* de l'Asie tropicale. La plupart des Bleuets se rencontrent dans des paysages ouverts (les

Bluets — *Africallagma* and *Azuragrion* (Figures 57 to 60)

Formerly all classified in *Enallagma*, 12 *Africallagma* spp. are endemic to Africa, Madagascar, and the Mascarenes. The six *Azuragrion* spp. also reach the Comoros, Socotra, and Arabia, but not the Mascarenes, and appear close to the tropical Asian *Amphiallagma parvum*. Most bluets are found in open landscapes (*Africallagma* often in highland areas) and favor stagnant and marshy waters, which are frequently temporary.

Figure 57. Mâle de Bleuet malgache *Azuragrion kauderni*, Isalo. La plus commune des demoiselles bleues à Madagascar et aux Comores, l'espèce se perche proche de la surface de la plupart des plans d'eau ouverts ; les espèces du continent se reposent même sur l'eau, dérivant avec le vent comme s'ils naviguent. Le mâle est généralement plus petit (ailes postérieures de 13-16 mm) que les autres demoiselles bleues mais avec des **taches postoculaires** distinctives : typiquement étroites et connectées, formant une ligne à l'arrière de la tête. Par ailleurs, le motif noir sur le dessus de S9 et S10 est généralement plus étendu à la base. (Cliché par Mike Averill.) / **Figure 57.** Malagasy Bluet *Azuragrion kauderni* male, Isalo. Commonest blue damselfly on Madagascar and the Comoros, perching close above the surface of most open pools: mainland relatives even rest on the water, drifting with the wind as if they are sailing. The male is generally smaller (hindwing 13-16 mm) than other blue damselflies with diagnostic **postocular spots**: typically narrow and connected, creating a blue line on the back of the head. The upperside of S9 and S10 are also usually more extensively black at their base. (Photo by Mike Averill.)

Africallagma, souvent dans les zones de hautes terres) et préférent les eaux stagnantes et marécageuses qui sont souvent temporaires.

Ce sont de petites et graciles demoiselles (avec des ailes postérieures de 13-17 mm) qui sont principalement bleues à maturité mais qui apparaissent plutôt marron, avec une teinte rosâtre, quand les individus sont jeunes. Les femelles présentent des marques similaires à celles des

They are small (hindwing 13-17 mm) slender damselflies that are largely blue with maturity but appear brownish, often with a pinkish hue, when young. Females have similar markings as males but less bright colors. The black thoracic markings can be reduced or faded to brown "ghost" stripes in most mainland African species. However, such pale forms are not known from either *A. glaucum* on La Réunion or the Malagasy endemic *A. rubristigma*.

Figure 58. Femelle de Bleuet malgache *Azuragrion kauderni*, Isalo. Un mâle et une femelle sont vus en train de s'accoupler sur la Figure 10. (Cliché par Erland Nielsen.) / **Figure 58.** Malagasy Bluet *Azuragrion kauderni* female, Isalo. Male and female are seen mating in Figure 10. (Photo by Erland Nielsen.)

Figure 59. Mâle de Bleuet à stigma mauve *Africallagma rubristigma*, Anjozorobe. Endémique localisée à Madagascar, l'espèce se voit souvent dans les marais herbeux avec des écoulements et s'identifie aisément grâce à ses **ptérostigmas** rougeâtres. (Cliché par Callan Cohen.) / **Figure 59.** Red-spotted Bluet *Africallagma rubristigma* male, Anjozorobe. Localized endemic on Madagascar in grassy marshes often with some flow, and easily identified by its reddish **pterostigmas**. (Photo by Callan Cohen.)

mâles mais avec des couleurs moins vives. Les marques noires du thorax peuvent être réduites ou pâlir en de raies marron « fantomatiques » chez la plupart des espèces du continent africain. Néanmoins, ces formes pâles ne sont connues ni chez *A. glaucum* de La Réunion ni chez l'espèce endémique malgache *A. rubristigma*.

Maigrions — *Aciagrion* (Figure 61)
Le genre *Aciagrion* s'étend à travers les tropiques d'Afrique, d'Asie et d'Australie, avec presque 30 espèces, dont environ la moitié étant Africaines. Ce sont des demoiselles très graciles (avec des ailes postérieures de 12-25 mm) qui peuvent facilement se confondre avec les *Africallagma* et les *Azuragrion*, s'en différenciant seulement par la **nervure transverse cubitale** qui atteint la marge de l'aile au lieu de se terminer au niveau d'une nervure longitudinale (la nervure anale) juste en retrait de la marge. Le genre *Millotagrion*, avec l'espèce *M. inaequistigma*, du Nord-ouest de Madagascar a été décrit ; néanmoins, il n'y a plus eu d'observation formelle depuis. Cependant, le genre a été séparé des *Aciagrion* sur la base de la couleur marron qui s'étend dans les cellules alaires en dessous du **ptérostigma**. Ce caractère se rencontre aussi chez *A. gracile* de l'Afrique de l'Est, espèce chez qui ces marques ainsi que les appendices mâles semblent presque identiques à ceux du Maigrion malgache *M. inaequistigma*. D'ailleurs, les deux peuvent éventuellement appartenir à la même espèce (Figure 61). Par conséquent, nous listons provisoirement l'espèce

Figure 60. Mâle de Bleuet des marais *Africallagma glaucum*, La Réunion. Commune dans la partie sud de l'Afrique, l'espèce est isolée à 700-2100 m (surtout au-dessus de 1000 m) à La Réunion et elle se rencontre probablement aussi à Madagascar. Dans ces régions, elle devrait être facile à identifier avec ses **taches postoculaires** plutôt étroites (mais rarement connectées) et ses S8-9 entièrement bleus. (Cliché par Michel Yerokine.) / **Figure 60.** Swamp Bluet *Africallagma glaucum* male, La Réunion. Common in southern Africa and isolated at 700-2100 m (mostly above 1000 m) on La Réunion, and is expected to also occur on Madagascar. Within its range, it should be fairly easy to recognize by its rather narrow (but rarely connected) **postocular spots** and entirely blue S8-9. (Photo by Michel Yerokine.)

Slims — *Aciagrion* (Figure 61)
The genus *Aciagrion* ranges across the tropics of Africa, Asia, and Australia with almost 30 species, about half of them African. They are very sleek (hindwing 12-25 mm) damselflies that are easily confused with *Africallagma* and *Azuragrion*, differing only in that the **cubital cross-vein** reaches the wing margin, rather than ending on a longitudinal vein (the anal vein) just inward from the margin. The genus *Millotagrion* with the species *M. inaequistigma* was described from northwestern Madagascar in 1953. There have been no definite records since. However, the genus was

Figure 61. Mâle de Maigrion gracile *Aciagrion gracile*, Afrique du Sud. Très grêle, avec des marques sombres limitées, l'espèce est principalement bleue (verdâtre sur la tête et le thorax) à maturité. Pas facile à localiser car elle préfère les mares saisonnières bien abritées avec des végétations marécageuses, elle présente un pic d'activité vers l'aube et le crépuscule. (Cliché par Alan Manson.) / **Figure 61.** Graceful Slim *Aciagrion gracile* male, South Africa. Very slender with limited dark markings, being mostly blue (greener on head and thorax) with maturity. Not easily located, as it favors sheltered seasonal pools with marshy vegetation, being most active towards dawn and dusk. (Photo by Alan Manson.)

malgache chez les *Aciagrion*. Ceci dit, les espèces **afrotropicales** actuellement placées dans ce genre ne sont probablement pas de proches parents de celles d'Asie et pourraient toutes être transferées dans le genre *Mombagrion* dans le futur.

Allègrions — *Coenagriocnemis* (Figures 62 à 64)

Trois espèces de taille moyenne ou de grande taille (avec des ailes postérieures de 19-20 mm) sont endémiques des Mascareignes. Toutes se limitent aux ruisseaux et rivières rocheux à l'intérieur des forêts. Au moins deux des espèces mauriciennes sont En danger, connues seulement par une poignée de populations. Une éventuelle quatrième espèce, *C. ramburi*, est connue seulement à partir de deux

separated from *Aciagrion* based on the brownish color that extends into the wing cells below the **pterostigma**. This character is also found in *A. gracile* from eastern Africa, whose markings and male appendages seem almost identical to those of the Madagascar Slim *M. inaequistigma* and that may even be the same species (Figure 61). We therefore tentatively list the Malagasy species in *Aciagrion*. However, the **Afrotropical** species placed in that genus are probably not closely related to those from Asia and all are likely to move to the genus *Mombagrion* in the future.

Bluetips — *Coenagriocnemis* (Figures 62 to 64)

Three medium-sized to fairly large (hindwing 19-27 mm) species are endemic to the Mascarenes. All are restricted to rocky streams

Figure 62. Mâle d'Allègrion à pattes orange *Coenagriocnemis rufipes*, Maurice. C'est la plus abondante demoiselle le long des cours d'eau de Maurice. Cependant, l'étendue et la qualité de ces sites est en déclin à cause de l'expansion agricole, rendant les populations restantes de plus en plus sensibles aux évènements aléatoires comme les cyclones. L'espèce est, par conséquent, considérée En danger. Les mâles se perchent près des eaux, souvent sur des rochers. Ils montrent leurs faces et pattes orange dans des attitudes agressives. Ils ont un thorax bleu pâle avec des **bandes antéhumérales** complètes. (Cliché par Andrew Skinner.) / **Figure 62.** Orange-legged Bluetip *Coenagriocnemis rufipes* male, Mauritius. The most abundant damselfly along forested streams on Mauritius. However, the extent and quality of these sites is declining due to agricultural expansion, making remaining populations increasingly sensitive to random events such as cyclones. The species is therefore considered Endangered. Males perch near the water, often on rocks. They show their orange face and legs in aggressive displays, and have a pale blue thorax with complete **antehumeral stripes**. (Photo by Andrew Skinner.)

Figure 63. Mâle d'Allègrion à pattes noires *Coenagriocnemis insularis*, Maurice. L'espèce est également confinée à Maurice et est En danger, quoique encore plus rare que *C. rufipes*. Les mâles sont moins agressifs et se perchent sur la végétation surtout à hauteur de poitrine. Ils sont de plus grande taille, avec des pattes noires ainsi qu'une face et un thorax verts (bleus chez les femelles) avec des **bandes antéhumérales** en forme de point d'exclamation. (Cliché par Damien Top.) / **Figure 63.** Black-legged Bluetip *Coenagriocnemis insularis* male, Mauritius. Also confined to Mauritius and Endangered, although even scarcer than *C. rufipes*. Males are less aggressive and perch mostly at breast height on vegetation. They are larger with black legs and a green (blue in females) face and thorax with **antehumeral stripes** like an exclamation mark. (Photo by Damien Top.)

mâles collectés en 1947 ; mais il pourrait s'agir d'un hybride entre *C. insularis* et *C. rufipes*. Ce genre est affilié aux Maigrions (*Aciagrion*) et aux Bleuets (*Africallagma, Azuragrion*) and rivers within forest. At least two of the Mauritian species are Endangered, known only from a handful of populations. A possible fourth species, *C. ramburi*, is known

Figure 64. Mâle d'Allègrion de Bourbon *Coenagriocnemis reuniensis*, La Réunion. L'espèce remplace *C. insularis* à La Réunion où les niveaux d'eau fluctuent énormément avec des torrents saisonniers, quittant les lits des rivières dépourvus de végétations ou de bois morts. Voilà pourquoi les mâles se perchent sur les rochers et les femelles pondent dans les matériaux volcaniques poreux, contrairement aux espèces mauriciennes qui préfèrent les tissus végétaux. Vivant au milieu des rochers, les larves sont prédatées par les truites introduites, même si l'espèce reste répandue et n'est pas encore considérée comme Vulnérable. Le mâle présente un thorax bleu avec des **bandes antéhumérales** réduites à un point. Il présente également un bleu étendu sur S1-2. Se rencontrant régulièrement jusqu'à 1500 m, les adultes des hautes terres peuvent avoir un corps jusqu'à 25 % plus long que celui des adultes au niveau de la mer. (Cliché par Michel Yerokine.) / **Figure 64.** Réunion Bluetip *Coenagriocnemis reuniensis* male, La Réunion. Replaces *C. insularis* on La Réunion, where water levels fluctuate greatly, with seasonal torrents leaving riverbeds devoid of vegetation or dead wood. Therefore, males perch on rocks and females lay eggs in porous volcanic material, unlike the Mauritian species that prefer plant tissue. Living among the rocks, the larvae are vulnerable to introduced trout, although the species is still widespread and not yet considered threatened. The male has a blue thorax with the **antehumeral stripes** reduced to a spot, as well as extensive blue on S1-2. Occurring regularly up to 1500 m, highland adults can be up to 25% longer-bodied as those near sea level. (Photo by Michel Yerokine.)

mais il est plus coloré, avec les parties supérieures de S8-10 complètement bleues. Les femelles pondent seules, contrairement à la plupart des coenagrionides, à l'exception des *Ischnura*.

Pitchounes — *Agriocnemis* (Figures 65 to 67)

Les Pitchounes se rencontrent d'Afrique jusqu'en Australie ainsi que dans les îles du Pacifique avec plus de 40 espèces dont presque la moitié sont **afrotropicales**. La plupart des espèces vivent entre les laîches et

only from two males collected in 1947, but it may be a hybrid between *C. insularis* and *C. rufipes*. The genus is related to the slims (*Aciagrion*) and bluets (*Africallagma*, *Azuragrion*) but is more colorful with a completely blue upperside of S8-10. Females lay eggs by themselves, unlike most coenagrionids, with the exception of *Ischnura*.

Wisps — *Agriocnemis* (Figures 65 to 67)

Wisps are found from Africa to Australia and the Pacific islands

les herbes denses poussant dans les eaux stagnantes ou à écoulement lent comme les marais et les mares temporaires. Les représentants du genre passent facilement inaperçus : faucher la végétation au filet est un bon moyen pour les trouver.

Toutes les espèces sont de très petite taille (avec des ailes postérieures de 8-12 mm) et figurent parmi les plus petits odonates. Seul *Azuragrion kauderni* est aussi petit ; mais, chez *Agriocnemis*, l'**arculus** se positionne distinctivement au-delà de deuxième **nervure transverse anténodale**. De plus, les mâles matures se caractérisent par une extrémité abdominale rougeâtre (typiquement S8-10 et une partie de S7) ; sinon, ils sont surtout noirs avec des marques vertes. Ceci dit, l'espèce montre une forte variation de couleur suivant le sexe et l'âge. Les jeunes

with over 40 species, almost half of them **Afrotropical**. Most species live between dense sedges and grasses standing in stagnant or slow-flowing water, such as marshes and temporary pools. Members of the genus are easily overlooked: sweeping a net through suitable vegetation is a good way to find them.

All species are very small (hindwing 8-12 mm) and amongst the tiniest odonates. Only *Azuragrion kauderni* is typically as small, but the **arculus** stands distinctly beyond the second **antenodal cross-vein** in *Agriocnemis*. Moreover, mature males have a diagnostic reddish tail-end (typically S8-10 and part of S7) and are otherwise largely black with green markings. However, the species exhibit strong variation in coloration, depending on the sex and age. Fresh males of some

Figure 65. Mâle de Pitchoune solitaire *Agriocnemis exilis*, Isalo. L'espèce habite presque toutes zones humides herbeuses de l'Afrique tropicale et a aussi été trouvée à Madagascar, Maurice et La Réunion. Sa présence à Mayotte reste incertaine à cause d'une confusion avec *A. gratiosa*. Il vaut mieux l'identifier à la loupe par le **lobe thoracique postérieur** unique et non pas tripartite, avec la section de la partie centrale en forme d'éventail ainsi que par les courts appendices qui ont, sur les **cercoïdes**, une épine ventrale caractéristique en forme d'aiguille. La Pitchoune vagabonde *A. pygmaea*, espèce superficiellement ressemblante, atteint les Seychelles depuis l'Asie australe. (Cliché par Michael Post.) /
Figure 65. Little Wisp *Agriocnemis exilis* male, Isalo. Inhabits almost any grassy wet patch in tropical Africa and has been also found on Madagascar, Mauritius, and La Réunion; its presence on Mayotte is uncertain due to confusion with *A. gratiosa*. It is best identified with a hand lens by the unique **prothoracic hindlobe** that is not tripartite, with a fan-like middle section, and the short appendages with a diagnostic needle-like ventral spine on the **cerci**. The superficially similar Wandering (or Pygmy) Wisp *A. pygmaea* reaches the Seychelles from Australasia. (Photo by Michael Post.)

Figure 66. Femelle de Pitchoune solitaire *Agriocnemis exilis*, Isalo. (Cliché par Allan Brandon.) / **Figure 66.** Little Wisp *Agriocnemis exilis* female, Isalo. (Photo by Allan Brandon.)

Figure 67. Mâle de Pitchoune gracieuse *Agriocnemis gratiosa*, Zambie. L'espèce se rencontre dans les marais herbeux de l'Est et du Sud de l'Afrique, à Mayotte et à Madagascar, souvent avec *A. exilis*. Elle est un peu plus grande et s'identifie grâce aux appendices graciles des mâles avec des **paraproctes** clairement plus longs que les **cercoïdes**. (Cliché par Jens Kipping.) / **Figure 67.** Gracious Wisp *Agriocnemis gratiosa* male, Zambia. Occurs in grassy marshes in eastern and southern Africa, Mayotte, and Madagascar, often with *A. exilis*. It is somewhat larger and best identified by the slender male appendages with the **paraprocts** distinctly longer than the **cerci**. (Photo by Jens Kipping.)

mâles matures de certaines espèces ont l'abdomen tout rouge ainsi que la tête et le thorax marqués de bleu, alors que les mâles plus âgés développent une **pruinosité** blanche sur la tête, le thorax et/ou l'abdomen. Les femelles, quant à elles, se rencontrent sous diverses formes avec des couleurs souvent voyantes.

Même s'ils sont difficiles à observer sur d'aussi petites demoiselles, les appendices des mâles sont essentiels pour l'identification. La Pitchoune mérina *A. merina* a seulement été collectée près de Maroantsetra en 1958 : elle se distingue par des appendices mâles et des S4-10 entièrement rouges. A Rodrigues, *Argiocnemis solitaria* a été décrite en 1872. *Argiocnemis* (à ne pas confondre avec *Agriocnemis*) est un genre affilié d'Asie. Comme *A. solitaria* n'a pas de caractères distinctifs, il est alors considéré comme un **nomen nudum**.

Lutins — *Pseudagrion* (Figures 68 à 85)

Les lutins se rencontrent à travers toute l'Afrique et s'étendent jusqu'au Moyen Orient, au Japon, en Australie et dans les îles du Pacifique. *Pseudagrion*

species have all-red abdomens and blue-marked heads and thoraxes, while older males (at least in Africa) become entirely black and develop white **pruinosity** on head, thorax and/or abdomen. Females occur in diverse and often conspicuous color forms.

Although difficult to examine in such small damselflies, male appendages are essential for identification. The Merina Wisp *A. merina* has only been collected near Maroantsetra in 1958: it differs by the male appendages and entirely red S4-10. *Argiocnemis solitaria* was described from Rodrigues in 1872. *Argiocnemis* (not to be confused with *Agriocnemis*) is a related genus from Asia, but *A. solitaria* has not subsequently been reported,

forme l'un des plus grands genres chez les Odonata, avec environ 150 espèces à travers le monde, dont presque 70 % sont **afrotropicales**. Ces dernières peuvent se diviser en trois groupes qui sont distincts par leur morphologie, leurs caractères génétiques, leur écologie et leur répartition et qui pourraient se scinder en des genres différents dans le futur. Les espèces de l'Afrique continentale appartiennent à deux groupes : le groupe A est confiné à la partie continentale et comporte l'**espèce type** du genre ; il conserverait donc le nom *Pseudagrion*. has no diagnostic features, and is thus considered a *nomen nudum*.

Sprites — *Pseudagrion* (Figures 68 to 85)

Sprites occur all across Africa and extend to the Middle East, Japan, Australia, and the Pacific islands. *Pseudagrion* is one of the largest genera of Odonata, with about 150 species worldwide, of which almost 70% are **Afrotropical**. The latter portion can be divided into three groups that are distinct in their morphology, genetics, ecology, and distribution and likely to be recognized

Figure 68. Mâle de Lutin à dos jaune *Pseudagrion punctum*, Antananarivo. C'est la seule espèce du groupe B qui est endémique de la **Région malgache** où elle est bien répandue, se rencontrant communément le long des étendues d'eau exposées (lacs, barrages, rivières et même ruisseaux perturbés) de Madagascar, Mayotte, Maurice et La Réunion. Le mâle est voyant avec relativement peu de noir : la face et le devant du thorax sont jaune-orangé et les côtés de l'abdomen ainsi que le dessus de S7-10 sont beaucoup plus bleus. La forme des **bandes antéhumérales** permet aussi un diagnostic, ces dernières étant si larges qu'elles laissent seulement une étroite raie droite et noire entre elles, tandis qu'une encoche proéminente noire est présente sur les bords extérieurs. (Cliché par Callan Cohen.) / **Figure 68.** Bright Sprite *Pseudagrion punctum* male, Antananarivo. The only B-group species that is endemic to and widespread in the **Malagasy Region**, being common along exposed waters (lakes, dams, rivers, and disturbed streams) on Madagascar, Mayotte, Mauritius, and La Réunion. The male is gaudy with relatively little black: the face and thorax front are orange-yellow and the abdomen sides and top of S7-10 more extensively blue. The shape of the **antehumeral stripes** is also diagnostic, being so wide that they leave only a narrow straight black stripe between them, while there is a prominent black notch on the outer borders. (Photo by Callan Cohen.)

Deux espèces du Groupe B s'étendent à la **Région malgache**, une espèce y étant endémique (Figures 68 et 69). Les mâles de ce groupe sont facilement reconnaissables grâce aux petites épines noires sur le rebord de S10, au-dessus des **cercoïdes**. Ces animaux occupent des habitats relativement chauds ; c.-à-d. plus ouverts, stagnants ou temporaires comme les rivières et les retenues. Le mâle de Lutin massaï *P. massaicum* observé à Ambohitra sur les pentes de la Montagne d'Ambre est petit, avec

as separate genera in the future. The continental African species belong to two groups: the A-group is confined to the mainland and includes the **type species** of the genus and would retain the name *Pseudagrion*.

Two species of the B-group extend to the **Malagasy Region**, one of which is endemic (Figures 68 and 69). Males of this group are easily recognized by the small black spines on the rim of S10 above the **cerci**. These animals inhabit relatively warm habitats, i.e. more

Figure 69. Mâle de Lutin à face rouge *Pseudagrion sublacteum*, Namibie. C'est une espèce du groupe B qui, de l'Afrique, atteint les Comores. La population comorienne a été originellement décrite comme étant l'endémique *P. mohelii* et a depuis été trouvée sur toutes les îles, sauf sur Grande Comore. Dans cette zone, le mâle est facilement identifié grâce à sa face rouge et à son corps pruineux à maturité. (Cliché par Jens Kipping.) / **Figure 69.** Cherry-eye Sprite *Pseudagrion sublacteum* male, Namibia. B-group species that reaches the Comoros from Africa. The Comoros population was originally described as the endemic *P. mohelii* and has since been found on all islands except Grande Comore. Within its range, the male is easily identified by its red face and **pruinose** body at maturity. (Photo by Jens Kipping.)

Figure 70. Mâle de Lutin à pattes rouges *Pseudagrion malgassicum*, Parc National de Ranomafana. La plus commune des espèces du groupe M, elle se rencontre dans presque n'importe quels ruisseaux et rivières ouverts, souvent même très perturbés. Les mâles sont facilement identifiables par leur grande taille, leur face orange, leur thorax verdâtre, et leur S9 bleuté (voir espèces similaires ci-dessous) ; caractères à combiner avec des pattes principalement rougeâtres et des **cercoïdes** massifs qui rappellent des pinces de homard. (Cliché par Erland Nielsen.) / **Figure 70.** Ruddy-legged Sprite *Pseudagrion malgassicum* male, Ranomafana National Park. Most common species of the M-group, found at almost any open, often very disturbed, stream or river. Males are easily identified by their large size, orange face, greenish thorax, and bluish S9 (see similar species below), combined with largely reddish legs and massive **cerci** that recall lobster claws. (Photo by Erland Nielsen.)

la face et le thorax rouges ; mais les appendices ne correspondent pas à ceux de l'espèce africaine qui est très répandue. Il pourrait donc représenter une troisième espèce, éventuellement endémique, de la région.

open, stagnant or temporary, such as rivers and impoundments. The male Masai Sprite *P. massaicum* reported at Ambohitra is small with a red face and thorax, but the appendages do not match that of this widespread African

Figure 71. Mâle de Lutin à selle *Pseudagrion apicale*, Anjozorobe. L'espèce peut se rencontrer en compagnie de *P. malgassicum*, avec lequel elle pourrait être confondue (bien que *P. apicale* soit plus rare). Les pattes des mâles sont principalement noires, les **bandes antéhumérales** verdâtres sont plus larges avec souvent une teinte orange. Il y a une tache verte de la forme d'une selle sur S2. Les **cercoïdes** sont effilés et ressemblent à des poinçons. (Cliché par Callan Cohen.) / **Figure 71.** Saddled Sprite *Pseudagrion apicale* male, Anjozorobe. May be found living together with *P. malgassicum*, for which it can be mistaken, but scarcer and the male's legs are largely black, the greenish **antehumeral stripes** are wider with often an orange tinge, there is a green saddle-like spot on S2, and the **cerci** are pointed and awl-like. (Photo by Callan Cohen.)

Figure 72. Mâle de Lutin maquillé *Pseudagrion dispar*, Parc National de Ranomafana. L'espèce peut être trouvée et se confondre avec *P. malgassicum*, mais les pattes de ses mâles sont principalement noires, les **cercoïdes** sont remarquablement courts et obtus, tandis que l'arrière des yeux est distinctement bleu comme si elle était colorée au fard à paupières. L'espèce est assez commune dans les ruisseaux ensoleillés mais plutôt bien abrités de l'Est de Madagascar. (Cliché par Erland Nielsen.) / **Figure 72.** Eyeshadow Sprite *Pseudagrion dispar* male, Ranomafana National Park. May also be mistaken for and found with *P. malgassicum* but the male's legs are largely black, the **cerci** are notably short and blunt, and the back of the eyes are distinctly blue, as if colored with eye-shadow. It is quite common at sunny yet fairly sheltered streams in eastern Madagascar. (Photo by Erland Nielsen.)

Plus de 30 espèces connues appartiennent à une **radiation** confinée à Madagascar et une espèce aux Comores forment ce qui est appelé le Groupe M dans la liste (Figures 70 à 84). Elles représentent la plus grande diversification d'odonates endémiques malgaches, confinées à des eaux courantes, surtout dans les ruisseaux forestiers. Les espèces sont minces, d'assez petite jusqu'à de grande taille (avec des ailes postérieures de 19-32 mm). Demoiselles noires, elles ont souvent des touches colorées sur la tête, le thorax et l'extrémité de l'abdomen.

species. It may represent a third and possibly endemic species in the region.

Over 30 known species belong to a **radiation** confined to Madagascar and one species in the Comoros, indicated as the M-group in the checklist

Figure 74. Mâle de Lutin céruléen *Pseudagrion seyrigi*, Parc National de l'Isalo. L'espèce se distingue par sa coloration bleue éclatante. Elle semble bien répandue mais elle est inféodée aux ruisseaux ouverts. (Cliché par Callan Cohen.) / **Figure 74.** Cerulean Sprite *Pseudagrion seyrigi* male, Isalo National Park. Appears distinctive with its bright blue coloration and seems widespread but localized at open streams. (Photo by Callan Cohen.)

Figure 73. Mâle de Lutin comorien *Pseudagrion pontogenes*, Mayotte, Comores. C'est la seule espèce du Groupe M à se trouver aux Comores. En tant que tel, le mâle se singularise localement par son corps noir marqué de vert, sa face orange, son S9 bleu, et ses **cercoïdes** en forme de tenailles. L'espèce n'a été observée que dans moins de 10 ruisseaux fortement ombragés dans les forêts de Mayotte et d'Anjouan et elle est considérée comme Vulnérable ; elle devrait être recherchée sur Mohéli. (Cliché par Julien Vittier.) / **Figure 73.** Comoro Sprite *Pseudagrion pontogenes* male, Mayotte, Comoros. The only species of the M-group found on the Comoros. As such, the male is locally unique by its black green-marked body, orange face, blue S9, and pincher-like **cerci**. It is only known from less than 10 deeply shaded forest streams on Mayotte and Anjouan and considered Vulnerable; should be looked for on Mohéli. (Photo by Julien Vittier.)

Figure 75. Mâle de Lutin à face violette *Pseudagrion mellisi*, Parc National de Marojejy. Cette espèce extraordinaire est assez commune dans les ruisseaux rocailleux en dessous de 700 m dans le Parc National de Marojejy. (Cliché par K.-D. B. Dijkstra.) / **Figure 75.** Violet-faced Sprite *Pseudagrion mellisi* male, Marojejy National Park. This startling species is quite common on rocky streams below 700 m in Marojejy National Park. (Photo by K.-D. B. Dijkstra.)

Dix-sept espèces sont présentées ci-dessous ; mais au moins deux fois plus pourraient exister à Madagascar. Par conséquent, leur identification reste provisoire jusqu'à ce que les espèces de la région soient entièrement révisées. Le lecteur devra se référer aux mâles matures entièrement colorés. Les appendices peuvent aussi grandement aider, quoique leur forme soit souvent difficile à décrire. Les Lutins femelles diffèrent grandement des mâles et paraissent varier encore plus en coloration ; voilà pourquoi nous ne recommandons pas de les identifier pour le moment (Figures 9 et 85).

(Figures 70 to 84). They represent the largest endemic Malagasy odonate diversification, confined to running waters, notably forest streams. The

Figure 76. Mâle de Lutin à front vert *Pseudagrion* sp., Ambohitantely. Au regard de ses colorations et appendices uniques, cette espèce est nouvelle pour la science. (Cliché par Martin Mandak.) / **Figure 76.** Green-fronted Sprite *Pseudagrion* sp. male, Ambohitantely. Judging from its unique coloration and appendages, this species is new to science. (Photo by Martin Mandak.)

Figure 77. Mâle de Lutin corne d'élan *Pseudagrion alcicorne*, Parc National de Mantadia. C'est l'une des nombreuses espèces de ruisseaux forestiers avec des marques verdâtres à bleuâtres et avec des **bandes antéhumérales** réduites en point d'exclamation (comme ici) ou en une marque partielle. L'identification de ces espèces passe par la forme des **cercoïdes** des mâles plutôt que par la couleur du corps qui varie au sein d'une même espèce, allant du vert éclatant (montré ici) au marron terne. Chez cette espèce en particulier, les cercoïdes ressemblent aux ramures d'un élan, une espèce de grand cerf européen. (Cliché par Erland Nielsen.) / **Figure 77.** Elk-horn Sprite *Pseudagrion alcicorne* male, Mantadia National Park. This is one of many forest stream species with greenish to bluish markings and the **antehumeral stripes** reduced to an exclamation mark (as here) or a partial mark. These species are best identified by the shape of the male **cerci**, rather than the body color, which varies within species from bright green (shown here) to dull brownish. In this species, the cerci resemble the antlers of an elk, a large European deer species. (Photo by Erland Nielsen.)

Figure 78. Mâle de Lutin à hameçon *Pseudagrion hamulus*, Parc National de Ranomafana. Plus petite, avec une face et un thorax plus noirs mais des S8-9 comportant plus de bleu que *P. alcicorne*, cette espèce s'en distingue surtout par les **cercoïdes** qui sont comme des mitaines avec un pouce crochu. (Cliché par Michael Post.) / **Figure 78.** Hook-tailed Sprite *Pseudagrion hamulus* male, Ranomafana National Park. Smaller, blacker on face and thorax, has more blue on S8-9 than *P. alcicorne*, but is best separated by the **cerci**, which are like mittens with a hooked thumb. (Photo by Michael Post.)

species are slender, fairly small to large (hindwing 19-32 mm) black damselflies, often with colorful accents on head, thorax, and abdomen tip.

Seventeen species are presented below, but at least twice as many species are thought to occur on Madagascar. Identification is thus tentative until the regional species are fully revised and readers should rely on mature, fully colored males. Their appendages are very helpful, although the shape is often difficult to describe. Female sprites differ vastly from males and appear to vary more in coloration, so we recommend against identifying them at present (Figures 9 and 85).

Figure 79. Mâle de Lutin commando *Pseudagrion approximatum*, Parc National de Ranomafana. Encore une autre espèce typique des ruisseaux sombres des forêts, avec des **cercoïdes** mâles distinctifs car longs et étroits, se terminant par une petite mais très visible lacune semblable à une clé à molette ou à une clé à boulons (Cliché par Callan Cohen.) / **Figure 79.** Wrench-tailed Sprite *Pseudagrion approximatum* male, Ranomafana National Park. Another typical dark forest stream species with distinctive male **cerci**, which are long and narrow, ending in a small but distinct gape, rather like a spanner or wrench used to tighten bolts. (Photo by Callan Cohen.)

Figure 80. Mâle d'un présumé Lutin à queue d'or *Pseudagrion ambatoroae*, Parc National de Masoala. Cette espèce est inhabituelle de par ses marques d'un jaune foncé qui s'étendent sur la face, qui sont absentes du devant du thorax mais qui couvrent toute la partie supérieure de S8-10. (Cliché par Callan Cohen.) / **Figure 80.** Presumed Golden-tailed Sprite *Pseudagrion ambatoroae* male, Masoala National Park. Unusual by the deep yellow markings that are extensive on the face, absent on the front of the thorax, but cover the entire top of S8-10. (Photo by Callan Cohen.)

Figure 81. Mâle de Lutin pourpré *Pseudagrion ampolomitae*, Parc National de Mantadia. Cette espèce est remarquablement gracile et d'un bleu-violet sombre ; néanmoins, l'identification dépend des **cercoïdes** qui sont longs et pointus, contrairement à ceux de *P. apicale*. (Cliché par Allan Brandon.) / **Figure 81.** Purplish Sprite *Pseudagrion ampolomitae* male, Mantadia National Park. Notably slender and deep violet-blue, but identification relies on the **cerci**, which are long and pointed, not unlike those of *P. apicale*. (Photo by Allan Brandon.)

Figure 83. Mâle d'un présumé Lutin à queue fourchue *Pseudagrion divaricatum*, Parc National de l'Isalo. Diverses espèces d'aspect plutôt différent avec des **cercoïdes** particulièrement évasés ont été affiliées à *P. divaricatum*, y compris cette grande forme marquée de saumon. (Cliché par Erland Nielsen.) / **Figure 83.** Presumed Fork-tailed Sprite *Pseudagrion divaricatum* male, Isalo National Park. Various rather different species with markedly splayed **cerci** have been affiliated with *P. divaricatum*, including this large salmon-marked form. (Photo by Erland Nielsen.)

Figure 82. Mâle de Lutin à face bleue *Pseudagrion renaudi*, Parc National de l'Isalo. Cette espèce est distinguable par sa face extensivement bleue, ses **bandes antéhumérales** en point d'exclamation et l'extrémité bleue de son abdomen, couvrant non seulement S9-10 mais également la partie adjacente à S8. (Cliché par Callan Cohen.) / **Figure 82.** Blue-nosed Sprite *Pseudagrion renaudi* male, Isalo National Park. Discernable by the extensive blue face, exclamation mark **antehumeral stripes**, and blue abdomen tip covering not only S9-10, but also the adjacent part of S8. (Photo by Callan Cohen.)

Figure 84. Mâle d'un présumé Lutin lumineux *Pseudagrion lucidum*, Rivière Analamazaotra. Préférant se percher au-dessus des rapides le long des larges rivières, cette espèce est difficile à approcher. Elle est néanmoins distincte par sa petite taille, ses larges **bandes antéhumérales** orange et ses longs **cercoïdes**. (Cliché par Dave Smallshire.) / **Figure 84.** Presumed Luminous Sprite *Pseudagrion lucidum* male, Analamazaotra River. Preferring to perch over rapid waters along larger rivers, is hard to approach, but distinctive by its smaller size, broad orange **antehumeral stripes** and long **cerci**. (Photo by Dave Smallshire.)

Figure 85. Femelle de Lutin à pattes rouges *Pseudagrion malgassicum*, Isalo. La boue sur l'abdomen a été déposée pendant la ponte. (Cliché par Allan Brandon.) / **Figure 85.** Ruddy-legged Sprite *Pseudagrion malgassicum* female, Isalo. The mud on the abdomen was deposited during egg laying. (Photo by Allan Brandon.)

Amarillons — *Ceriagrion* (Figures 86 à 88)

Parmi la cinquantaine et plus d'espèces qui vivent en Afrique, à travers l'Eurasie, jusqu'en Australie, plus de 20 sont **afrotropicales**, tandis que la plupart des autres, sont orientales. Toutes préfèrent les habitats marécageux, surtout stagnants et généralement exposés. Les espèces les plus communes en Afrique et dans la **Région malgache** sont de petite taille ou de taille moyenne (avec des ailes postérieures de 14-24 mm) et se reconnaissent par leur abdomen entièrement orange ou rouge ; une identification confirmée par la crête transverse entre les antennes. Les femelles sont particulièrement ternes et sont difficiles à distinguer.

Citrils — *Ceriagrion* (Figures 86 to 88)

Of the over 50 species that occur from Africa, through Eurasia, to Australia, more than 20 are **Afrotropical** and most others, known as waxtails, are Oriental. All favor marshy, mostly stagnant and usually exposed, habitats. The most common species in Africa and the **Malagasy Region** are small to medium-sized (hindwing 14-24 mm) and instantly recognized by their wholly orange to red abdomen, an identification confirmed by the transverse ridge between the antennae. Females are notably dull and hard to separate.

Figure 86. Mâle d'Amarillon orange *Ceriagrion glabrum*, Andasibe. Se trouvant dans presque toutes les étendues d'eau stagnantes et ouvertes en Afrique, l'espèce a aussi été observée à Madagascar, à Mayotte, à Maurice, à La Réunion, à Rodrigues et dans les Seychelles. Cette demoiselle presque entièrement orange ne peut être confondue avec d'autres à cause de l'apex de S10 qui porte une petite saillie avec de minuscules dents noires de chaque côté. L'espèce qui lui est superficiellement similaire, *C. suave*, préfère des habitats saisonniers plus secs à travers l'Afrique et sa présence à Madagascar reste encore à confirmer. En fait, *C. suave* est de plus petite taille que *C. glabrum* et ne présente pas de structure dentée sur S10. (Cliché par Kai Schütte.) / **Figure 86.** Common Citril *Ceriagrion glabrum* male, Andasibe. Found at almost any open standing water in Africa and has also been found on Madagascar, Mayotte, Mauritius, La Réunion, Rodrigues, and the Seychelles. This almost wholly orange damselfly is unmistakable by the apex of S10, which carries a small protrusion with tiny black teeth on each side. The superficially similar *C. suave* favors drier and more seasonal habitats throughout Africa and reports of this species from Madagascar need confirmation. It is smaller than *C. glabrum* and lacks the toothed structures on S10. (Photo by Kai Schütte.)

Figure 87. Mâle d'Amarillon citron-vert *Ceriagrion auritum*, Isalo. Cette espèce est endémique mais répandue à Madagascar. Elle est plus petite que *C. glabrum* avec la tête et le thorax d'un vert citron, à maturité ; mais d'un marron rougeâtre accompagné de flancs crèmes, après l'émergence. Cela peut prêter à confusion avec une autre espèce endémique, l'Amarillon allongé *C. oblongulum*, qui n'a pas été observée récemment : cette espèce est de plus grande taille mais plus svelte ; au repos, S6 dépasse largement des ailes au lieu d'en être recouvert en grande partie, tandis que les **paraproctes** sont plus de deux fois plus longs que les **cercoïdes**. (Cliché par Michael Post.) / **Figure 87.** Lime Citril *Ceriagrion auritum* male, Isalo. Widespread endemic on Madagascar. Smaller than *C. glabrum*, the head and thorax are lime green with maturity, but reddish brown with cream flanks after emergence. This may cause confusion with another endemic, the Long Citril *C. oblongulum*, which has not been reported recently: it is larger and more slender (at rest S6 largely extends beyond the wings, rather than being mostly covered by them) and the **paraprocts** are more than twice as long as the **cerci**. (Photo by Michael Post.)

Figure 88. Mâle d'Amarillon à ligne noire *Ceriagrion nigrolineatum*, Parc National de Ranomafana. Cette espèce endémique se rencontre localement dans la partie est de Madagascar. Le mâle est d'un vert-jaunâtre presque fluorescent avec, sur l'abdomen, une ligne noire dorsale qui est au plus large sur S6-10. L'Amarillon bleu *C. madagazureum*, espèce peu connue de l'Ouest de Madagascar, rappelle les *Azuragrion* et les genres similaires avec son corps bleu marqué de noir ; quoique son abdomen soit en majeur partie bleu avec seulement des marques noires limitées qui augmentent en ampleur de S1 à S10. (Cliché par Allan Brandon.) / **Figure 88.** Black-lined Citril *Ceriagrion nigrolineatum* male, Ranomafana National Park. Endemic occurring locally in eastern Madagascar. The male is almost fluorescent yellow-green with a black dorsal line on the abdomen, which is widest on S6-10. The poorly known Bluet Citril *C. madagazureum* from western Madagascar recalls *Azuragrion* and similar genera with its black-marked blue body, however the abdomen is predominantly blue with only limited black markings increasing in extent from S1 to S10. (Photo by Allan Brandon.)

Alumettes — *Teinobasis* (Figure 89)

La plupart des presque 80 espèces d'Alumettes se trouvent en Nouvelle Guinée et dans les îles du Pacifique. Néanmoins, une seule espèce habite les forêts marécageuses de Madagascar, des Seychelles, des côtes kenyanes et tanzaniennes, ainsi que la partie septentrionale du Malawi. Le mâle est de taille moyenne (avec des ailes postérieures de 19-26 mm) et est extrêmement effilé, avec l'abdomen apparaissant presque deux fois plus long que les ailes. Le corps est principalement orange ou rouge à maturité, avec les parties supérieures de la tête et du thorax colorées d'un noir mordoré, ainsi que des S4-7 surtout noirâtres.

Fineliners — *Teinobasis* (Figure 89)

Most of the almost 80 species of fineliners are found on New Guinea and the Pacific Islands, but a single species inhabits swampy forest on Madagascar, the Seychelles, and coastal Kenya and Tanzania, as well as northern Malawi. The male is medium-sized (hindwing 19-26 mm) and extremely slender, the abdomen appearing nearly twice as long as the wings. The body is largely orange to red with maturity, with bronzy black uppersides of the head and thorax, and largely blackish S4-7. In Africa, the thorax is sometimes greenish, although these individuals may not yet be reproductively active. Being

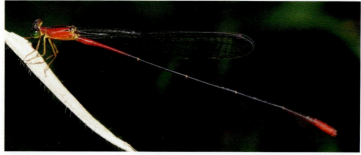

Figure 89. Mâle d'Alumette occidentale *Teinobasis alluaudi*, Parc Nationale de Ranomafana. (Cliché par Julien Renoult.) / **Figure 89.** Indian Ocean Fineliner *Teinobasis alluaudi* male, Ranomafana National Park. (Photo by Julien Renoult.)

En Afrique, le thorax est quelquefois verdâtre, mais les individus concernés ne sont peut-être pas encore tout à fait sexuellement matures. En étant assez distincte des autres *Teinobasis*, morphologiquement, cette espèce de l'océan Indien est parfois classée dans son propre genre, *Seychellibasis*.

CALOPTERYX — CALOPTERYGIDAE (Figure 90)

Environ 20 genres et 185 espèces sont reconnus à travers le monde, dont seulement trois genres et moins de 10 % des espèces existant dans les **Afrotropiques**. Toutes se reconnaissent facilement à cause de leur très grande taille, leurs couleurs métalliques, et leurs ailes larges qui sont densément nervurées jusqu'à la base, avec de nombreuses **nervures transverses anténodales**.

Deux *Phaon* spp. se rencontrent sur le continent africain, tandis qu'un troisième est endémique de Madagascar (Figure 90). Ce dernier a longtemps été considéré comme une sous-espèce du Pharaon étincelant *P. iridipennis*, une espèce commune

somewhat distinct morphologically from other *Teinobasis*, this Indian Ocean species is sometimes placed in its own genus *Seychellibasis*.

DEMOISELLES — CALOPTERYGIDAE (Figure 90)

Known also as jewelwings, about 20 genera and 185 species are recognized worldwide, of which only three genera and less than 10% of the species occur in the **Afrotropics**. All are easily recognized by their very large size, metallic colors, and the broad wings that are densely veined right up to the base with numerous **antenodal cross-veins**.

Two *Phaon* spp. occur on the mainland, while a third is endemic to Madagascar (Figure 90). The latter was long treated as a subspecies of the common Glistening Demoiselle *P. iridipennis* of Africa, although it is larger (hindwing 38-49 mm) with different thoracic markings, and no hooks on the **tarsal claws**. The island's largest damselfly is metallic green marked with pale brown, with iridescent forewings

en Afrique, alors que le Pharaon malgache est de plus grande taille (avec des ailes postérieures de 38-49 mm) et présente des marques thoraciques différentes mais pas de crochets sur les griffes tarsales. Cette demoiselle, la plus grande de l'île, est d'un gris métallique avec des marques de couleur marron pâle ainsi que des ailes antérieures irisées qui font miroiter une couleur verte à chaque battement. C'est le seul odonate de la **Région malgache** à ne pas avoir de **ptérostigmas** (bien que ceux-ci soient souvent présents chez les espèces de pharaons continentaux qui préfèrent les ruisseaux et les rivières ombragés, même si ces derniers sont saisonnièrement secs).

Figure 90. Mâle de Pharaon malgache *Phaon rasoherinae*, Parc National de Masoala. (Cliché par Callan Cohen.) / **Figure 90.** Madagascar Demoiselle *Phaon rasoherinae* male, Masoala National Park. (Photo by Callan Cohen.)

LIBELLULES VRAIES — ANISOPTERA

En général, les Odonata sont souvent appelés « libellules » (comme le sont les **Anisoptera** en particulier) qui sont typiquement plus robustes que les demoiselles et qui possèdent une capacité de vol supérieure. Leurs yeux enveloppent la tête et, à l'exception du cas des Gomphidae, se touchent entre eux. La base de l'aile postérieure est plus large que celle des ailes antérieures, avec des nervations différentes (voir Figure 3 dans le glossaire). Au repos, les ailes sont maintenues ouvertes, souvent rabaissées ; les adultes replient leurs ailes au-dessus de l'abdomen seulement quelque temps après l'émergence. A travers le monde, 11 familles ont été reconnues jusqu'ici, dont cinq se rencontrent dans la

that flash green on every beat. It is the only odonate in the **Malagasy Region** without **pterostigmas** (although these are often present in continental *Phaon* species), which prefer shaded streams and rivers, even if these are seasonally dry.

TRUE DRAGONFLIES — ANISOPTERA

Odonata in general are often called "dragonflies", as are **Anisoptera** in particular, which are generally more robust and have more powerful flight than damselflies. The eyes envelop the head and, except in the Gomphidae, touch each other. The hindwing's base is broader than that of the forewing, with different venation (see Figure G3 in glossary). At rest, the wings are held wide, often pressed down; adults only fold the wings above the abdomen shortly after emergence. Worldwide 11

Région malgache ; quoique les genres endémiques *Libellulosoma* et *Nesocordulia* attendent encore d'être classés définitivement.

AESCHNIDES — AESHNIDAE

Dans le monde, 55 genres et presque 500 espèces sont connus ; mais moins de 10 % se rencontrent dans les **Afrotropiques**. Ces insectes au vol puissant se perchent suspendus dans la végétation. La plupart des espèces de la région sont actives au crépuscule et se reproduisent dans les eaux (temporaires) calmes.

Ce sont de larges libellules avec des yeux notablement grands, ainsi que des ailes et un corps longs. Contrairement aux autres familles, à l'exclusion des Gomphidae, les **triangles** sont similaires sur toutes les ailes, pointant vers l'extérieur et à égale distance de l'**arculus**. De plus, la plupart des **nervures transverses anténodales** (mises à part deux qui sont plus épaisses) ne sont pas continues de part et d'autre de la subcosta.

Anax — *Anax* (Figure 91 à 96)

Les Anax sont cosmopolites, avec 30 espèces dont 13 sont **afrotropicales**. Tous sont de puissants voiliers que l'on peut voir patrouillant incessamment au-dessus des eaux ensoleillées ou chassant au crépuscule ou encore se cachant dans la végétation loin des eaux. La plupart des espèces se reproduisent dans les eaux stagnantes ouvertes avec des végétations denses comme les plans d'eau et les marais.

Les mâles sont de grande taille (avec des ailes postérieures de

families have so far been recognized, five of which are found in the **Malagasy Region**, although the endemic genera *Libellulosoma* and *Nesocordulia* have yet to be classified definitively.

HAWKERS — AESHNIDAE

Worldwide 55 genera and almost 500 species are known, but less than 10% of both occur in the **Afrotropics**. These strong fliers, known also as darners, perch on hanging in vegetation. Most of the regional species are active at dusk and breed in (temporary) standing waters.

These are large dragonflies with notably big eyes and long wings and bodies. Unlike other families, excluding the Gomphidae, the **triangles** are similar in all wings, pointing outwards and equally distant from the **arculus**. In addition, aside from two thicker ones, most **antenodal crossveins** are not continuous across the **subcosta**, i.e. not aligned in the two leading wing spaces.

Emperors — *Anax* (Figure 91 to 96)

Emperors are cosmopolitan with over 30 species, 13 being **Afrotropical**. All are powerful fliers seen patrolling endlessly over sunny waters or hunting at dusk, but also found lurking in vegetation far from water. Most species breed in open standing waters with dense vegetation, such as ponds and marshes.

Males are large (hindwing 43-52 mm, up to 65 mm in *A. tristis*) and conspicuously colored, with unmarked thorax (often deep green) and often bright blue or black (boldly spotted)

Figure 91. Mâle d'Anax malgache Anax tumorifer, forêt d'Ankarafa. C'est une espèce endémique de Madagascar qui se rencontre dans presque n'importe quelle étendue d'eau stagnante ou à écoulement lent. La **costa** (nervure principale de l'aile) est bleue tandis que l'abdomen mince et relativement bleu présente un motif distinctif avec un minimum de noir sur S8-9 mais un maximum sur S10. L'Anax magicien A. mandrakae de la partie orientale de Madagascar préfère les ruisseaux et rivières boisés. Le mâle présente une costa marron, plus de noir que de bleu sur l'abdomen (avec moins de noir sur S7-8), ainsi que des **cercoïdes** beaucoup plus larges. (Cliché par Martin Mandak.) / **Figure 91.** Madagascar Emperor Anax tumorifer male, Ankarafa Forest. Endemic to Madagascar, and found at almost any standing or slow-flowing water body. The **costa** (leading wing vein) is blue and the relatively blue and slender abdomen has a distinctive pattern with least black on S8-9 and most on S10. The Mandraka Emperor A. mandrakae of eastern Madagascar may prefer forested streams and rivers. The male has a brown costa, more black than blue on the abdomen (with less black on S7-8), and much wider **cerci**. (Photo by Martin Mandak.)

43-52 mm et jusqu'à 65 mm chez A. tristis). Ils sont de couleurs vives, avec un thorax sans marque (souvent d'un vert profond) et un abdomen fréquemment d'un bleu éclatant ou noir (parsemé de taches grossières). La nervation est caractéristique, avec la troisième nervure longitudinale non fourchue sous le **ptérostigma**, les points les plus éloignés du corps de la **nervure radiale supplémentaire** clairement au-devant de l'extrémité de l'aile. Les Anax mâles ne présentent pas d'**auricules** sur les côtés de S2, ni de **triangle anal** ou de **tornus** sur les ailes postérieures, comme c'est le cas chez les femelles de tous les genres d'aeshnides.

abdomen. The venation is distinctive with the third longitudinal vein below the **pterostigma** not being forked, and the **radial supplement**'s distal end points clearly in front of the wing tip. Anax males lack **auricles** on the sides of S2 and an **anal triangle** and **tornus** in the hindwings, like the females of all aeshnid genera.

Figure 92. Femelle d'Anax malgache *Anax tumorifer*, Andasibe. Elle n'est pas du bleu éclatant des mâles mais plutôt d'un vert pâle. Elle est ici partiellement immergée, en train de pondre dans la végétation aquatique. (Cliché par Allan Brandon.) / **Figure 92.** Madagascar Emperor *Anax tumorifer* female, Andasibe. Lacks the striking blue of the male and is mostly pale green; here partially submerged while egg-laying in aquatic vegetation. (Photo by Allan Brandon.)

Figure 93. Mâle d'Anax empereur *Anax imperator*, Afrique du Sud. L'espèce est commune près des eaux stagnantes de toute l'Afrique ainsi qu'en Eurasie, aux Comores et dans les Mascareignes, y compris à Rodrigues. A Madagascar, l'espèce similaire *A. tumorifer* est beaucoup plus abondante, aussi la fréquence réelle d'*A. imperator* n'est-elle pas très claire. Les deux espèces se distinguent le plus sûrement par les **cercoïdes** des mâles. De plus, la zone triangulaire du thorax située en avant des ailes antérieures, les yeux ainsi que la partie antérieure du **front** deviennent bleus avec l'âge chez *A. imperator*. Par ailleurs, l'étendue de la couleur noire est constante du S3 au S10, tandis que la **costa** est jaune. (Cliché par Warwick Tarboton.) / **Figure 93.** Blue Emperor *Anax imperator* male, South Africa. Common near standing water across Africa and into Eurasia, the Comoros, and the Mascarenes, including Rodrigues. On Madagascar, the similar *A. tumorifer* is much more numerous and it is thus unclear how frequent *A. imperator* is. The two are most reliably separated by the male **cerci**. Moreover, the triangular area in front of the forewings, the eyes, and the anterior part of the **frons** become blue with age in *A. imperator*. In addition, the extent of black is constant from S3 to S10 and the **costa** is yellow. (Photo by Warwick Tarboton.)

Figure 94. Mâle d'Anax géant *Anax tristis*, Namibie. L'espèce est répandue en Afrique, à Madagascar et aux Comores. Elle y préfère les lacs et les marais saisonniers mais elle peut largement errer, ayant été observée à Aldabra, à La Réunion, aux Maldives, au Sri Lanka, et même sur un bateau entre Madagascar et Mayotte. Parmi les plus grandes libellules du monde (avec des ailes postérieures de 56-65 mm), elle est facilement identifiable grâce à son abdomen exceptionnellement long, largement noir avec des taches jaunâtres formant un anneau pâle distinct près de la base. (Cliché par Katharina Reddig.) / **Figure 94.** Black Emperor *Anax tristis* male, Namibia. Widespread in Africa, Madagascar, and the Comoros. It favors seasonal lakes and marshes, and can wander widely, having been recorded on Aldabra, La Réunion, the Maldives, Sri Lanka, and even on a boat between Madagascar and Mayotte. Among the world's biggest dragonflies (hindwing 56-65 mm), it is easily identified by the exceptionally long abdomen that is largely black with yellowish spots forming a distinct pale ring near the base. (Photo by Katharina Reddig.)

Figure 95. Mâle d'Anax porte-selle *Anax ephippiger*, Gambie. C'est une espèce fortement migratrice qui habite les mares temporaires à travers les zones les plus chaudes de l'Afrique et de l'Eurasie, jusqu'à Madagascar, aux Comores, aux Mascareignes et aux Seychelles. Le **front** présente des barres noires caractéristiques à sa base et sur la crête. Les yeux et le thorax sont de couleur marron avec des côtes vertes, et l'abdomen est marron avec une selle bleue sur S2. Elle est aussi connue en tant que *Hemianax ephippiger*. (Cliché par Allan Brandon.) / **Figure 95.** Vagrant Emperor *Anax ephippiger* male, Gambia. Highly migratory species that inhabits temporary ponds across the warmer parts of Africa and Eurasia to Madagascar, the Comoros, the Mascarenes, and the Seychelles. The **frons** has distinctive black bars on its base and crest, the eyes and thorax are brown with green sides, and the abdomen is brown with a blue saddle of S2. Known also as *Hemianax ephippiger*. (Photo by Allan Brandon.)

Figure 96. Mâle d'Anax à gouttes *Anax guttatus*, Inde. L'espèce se rencontre de l'Asie australe jusqu'aux Seychelles. Le mâle se distingue par un thorax vert et par un abdomen noir taché de marron, abdomen qui se démarque du thorax par une « taille » bleue. (Cliché par Saurabh Sawant.) / **Figure 96.** Pale-spotted (or Lesser Green) Emperor *Anax guttatus* male, India. Occurs from tropical Australasia to the Seychelles. The male is distinctive by the green thorax and brown-spotted black abdomen being separated by a blue waist. (Photo by Saurabh Sawant.)

Marchands de sable — *Anaciaeschna* (Figure 97)

Sept espèces vont de l'Asie du Sud au Pacifique, tandis qu'une espèce se limite aux **Afrotropiques**. Les adultes sont plus actifs au crépuscule. Une seule espèce se rencontre localement dans la partie Est et Sud de l'Afrique ainsi qu'à Madagascar, dans les vastes étendues d'eau stagnante, souvent près des forêts. Plus petit que les *Anax*, le mâle (avec des ailes postérieures de 41-45 mm) présente une face bleu et blanc avec deux taches pâles et un « T » noir devant les yeux d'un bleu éclatant (des yeux marron quand l'animal est jeune), un thorax marron contrastant avec des côtés aux raies verdâtres, ainsi qu'un abdomen noir avec de petites taches bleutées. Le **triangle anal** étendu

Evening Hawkers — *Anaciaeschna* (Figure 97)

Seven species range from southern Asia to the Pacific, while one is restricted to the **Afrotropics**. Adults are most active at dusk. A single species occurs locally in eastern and southern Africa and Madagascar at larger standing water bodies often near forest. The male is smaller than *Anax* (hindwing 41-45 mm) with a blue-white face with two pale spots and a black "T" in front of the bright blue eyes (brown when young), contrasting brown thorax with greenish striped sides, and black abdomen with small bluish spots. The extended **anal triangle** with three drawn-out cells in the male hindwing is also distinctive. A larva with robust dorsal spines on S7-9 was described from Madagascar as *A. triangulifera*.

Figure 97. Mâle de Marchand de sable *Anaciaeschna triangulifera*, Afrique du Sud. (Cliché par Warwick Tarboton.) / **Figure 97.** Evening Hawker *Anaciaeschna triangulifera* male, South Africa. (Photo by Warwick Tarboton.)

contenant trois nervures verticales sur l'aile postérieure du mâle est aussi un trait distinctif. Une larve, avec de robustes épines dorsales sur S7-9, a été décrite à Madagascar comme étant *A. triangulifera*. Néanmoins, de telles épines sont très inhabituelles pour un aeshnide et l'association de larve avec les *Anaciaeschna* pourrait être incorrecte ; ce qui suggèrerait qu'un genre non encore découvert pourrait être présent à Madagascar. Pour ajouter à l'intrigue, une femelle adulte d'une espèce sombre rappelant *A. triangulifera* a récemment été trouvée dans le Parc National de Zahamena. Cette femelle semble se rapprocher le plus du genre *Zosteraeschna*, qui jusqu'ici ne se rencontrait que sur le continent africain.

Djinns — *Gynacantha* (Figures 98 à 100)

Ce genre, composé de presque 100 espèces, se rencontre dans toute la zone intertropicale mondiale. Les espèces africaines se répartissent

However, such spines are highly unusual for an aeshnid and the larva's association with *Anaciaeschna* may well be incorrect, which would suggest an undiscovered genus is present on Madagascar. Adding to the intrigue, an adult female of a dark species recalling *A. triangulifera* was recently found in Zahamena National Park. The female, however, seems closest to the genus *Zosteraeschna*, which so far is known only from continental Africa.

Duskhawkers — *Gynacantha* (Figures 98 to 100)

This genus of almost 100 species is found across the world's tropics. The African species fall in three groups that with further research may become separate genera. Each group has a single endemic representative on Madagascar, while one has an endemic species on each of the other island groups as well. The Radama Duskhawker *G. radama* represents the *africana*-group on Madagascar and the Hova Duskhawker *G. hova* the *bullata*-group, but as neither has been

en trois groupes qui, avec des recherches plus poussées, pourraient se retrouver séparées dans des genres différents. Chaque groupe a

photographed, similar species from Africa are shown (Figures 98 and 99, respectively).

The third species (Figure 100) on Madagascar belongs to the *bispina*-group, which gets its name from the similar Mascarene Duskhawker *G. bispina* from Mauritius, La Réunion, and presumably Rodrigues (larval records). The similar Comoro

Figure 98. Mâle de Djinn bardu *Gynacantha villosa*, Ouganda. Cette espèce n'a jamais été observée à Madagascar mais est très similaire au Djinn royal *G. radama* pour lequel aucune photo n'est disponible. Plutôt marron, l'espèce se distingue par sa large taille (avec des ailes postérieures de 50-52 mm) et son **métastigma** noir (point sur le côté du thorax), avec des mâles présentant un **triangle anal** de quatre à cinq cellules, ainsi que des **cercoïdes** assez larges aux bords carrés. (Cliché par Hans-Joachim Clausnitzer.) / **Figure 98.** Brown Duskhawker *Gynacantha villosa* male, Uganda. Not recorded on Madagascar, but closely similar to *G. radama* on Madagascar for which no photo is available. Rather plain brownish species separated by its large size (hindwing 50-52 mm) and black **metastigma** (spot on side of thorax), while males have four to five cells in the **anal triangle** and **cerci** with rather broad square-cut tips. (Photo by Hans-Joachim Clausnitzer.)

Figure 99. Femelle de Djinn chétif *Gynacantha manderica*, Afrique du Sud. Jamais observée à Madagascar, cette espèce est très proche, voire synonyme, du Djinn prince *G. hova* pour lequel aucune photo n'est disponible. Une espèce plus petite (avec des ailes postérieures de 39-41 mm) avec 17-21 **nervures transverses anténodales** au lieu de 23-28 au niveau des ailes antérieures, des pattes sombres avec des stries pâles, ainsi qu'un abdomen à points bleus. (Cliché par Warwick Tarboton.) / **Figure 99.** Little Duskhawker *Gynacantha manderica* female, South Africa. Not recorded on Madagascar, but closely similar and possibly even the same species as *G. hova* on Madagascar for which no photo is available. A smaller species (hindwing 39-41 mm) with 17-21 rather than 23-28 **antenodal cross-veins** in the forewings, dark pale-streaked legs, and a blue-spotted abdomen. (Photo by Warwick Tarboton.)

une espèce endémique représentée à Madagascar, tandis qu'un groupe présente quant à lui une espèce endémique dans chacun des groupes d'îles. Le Djinn royal *G. radama* représente le Groupe *africana* à Madagascar, tandis que le Djinn prince *G. hova* et le Groupe *bullata* ; mais comme aucun des deux n'a été photographié sur l'île, ce sont donc seulement des espèces similaires de l'Afrique qui sont illustrées ici (Figures 98 et 99, respectivement).

La troisième espèce de Madagascar (Figure 100) appartient au Groupe *bispina*, qui a tiré son nom du Djinn mascarin, *G. bispina*, espèce similaire de Maurice, de La Réunion et, vraisemblablement, de Rodrigues (d'après des observations de larves). Autres espèces similaires, le Djinn comorien *G. comorensis* se rencontre à Grande Comore, à Anjouan et à Mayotte ; le Djinn seychellois *G. stylata* se rencontre à Mahé, Praslin et Silhouette, tandis que le Djinn sobre *G. immaculifrons* ne se rencontre que très localement en Afrique orientale. Toutes ces espèces se reproduisent probablement dans des mares temporaires comme on en trouve dans les lits des ruisseaux et semblent préférer les sites forestiers à faible altitude. A La Réunion, *G. bispina* se trouve surtout entre 100 et 700 m mais en milieu très ombragé, donc rarement en compagnie d'autres libellules. Ces habitats sont sensibles aux perturbations et alors que *G. malgassica* est considérée comme une espèce à Données insuffisantes, *G. bispina* et *G. comorensis* sont Vulnérables ; *G. stylata* est même En danger critique d'extinction.

Duskhawker *G. comorensis* occurs on Grand Comore, Anjouan, and Mayotte, the Seychelles Duskhawker *G. stylata* on Mahé, Praslin, and Silhouette, and the Plain Duskhawker *G. immaculifrons* occurs very locally in eastern Africa. All species probably breed in temporary pools, such as in streambeds, and may favor forested sites at lower elevations. On La Réunion *G. bispina* is found mainly at 100-700 m, but in deep shade, and thus rarely with other dragonflies. These habitats are sensitive to disturbance and, while *G. malgassica* is Data Deficient, *G. bispina* and *G. comorensis* are considered Vulnerable, and *G. stylata* even Critically Endangered.

Figure 100. Femelle de Djinn malgache *Gynacantha malgassica*, Sainte Luce. Cette espèce et les espèces affiliées similaires dans les autres îles sont de taille moyenne (avec des ailes postérieures de 44-49 mm) et présentent une teinte générale unie marron verdâtre. (Cliché par Lucia Chmurova.) / **Figure 100.** Madagascar Duskhawker *Gynacantha malgassica* female, Sainte Luce. This species and its closely similar relatives on the other islands are medium-sized (hindwing 44-49 mm) and notably a plain overall greenish brown. (Photo by Lucia Chmurova.)

Toutes les espèces de *Gynacantha* sont crépusculaires, volant à l'aube, au crépuscule, ainsi que pendant les pluies. La nuit, ils peuvent aussi venir à la lumière. Les espèces de grande taille ont un vol rapide et erratique dans les clairières, tandis que celles de petite taille planent prudemment le long des lisières de forêts ou assez bas au-dessus du sol. Toutes les espèces se reposent dans les végétations denses pendant la journée et se reproduisent dans les mares tempoiraires à proximité. De bons endroits pour trouver ces espèces sont les sous-bois épais le long des lits de cours d'eau asséchés et les marais forestiers en bordure. Ceci dit, les adultes sont plus faciles à capturer pendant qu'ils chassent le long des étroits sentiers dans les forêts, surtout 15 minutes avant et après le coucher du soleil mais également, à un moindre degré, au lever du soleil.

Les espèces sont surtout verdâtres et marron, avec des yeux qui sont encore plus larges que ceux des autres aeshnides, bien plus du double de la largeur du **front**. L'aile postérieure présente un **champ cubital** composé généralement d'un seul rang de cellules à la base, ainsi qu'un **triangle anal** qui s'arrête nettement en deçà du **tornus** et est bordé seulement à sa base extrême par une petite **membranule**.

GOMPHES — GOMPHIDAE

Répandue à travers le monde et composée d'un peu plus de 100 genres et de 1000 espèces, cette famille est, après celle des Libellulidae, la plus large chez les **Anisoptera**. La plupart des espèces habitent les rivières et les ruisseaux. Les adultes peuvent

All *Gynacantha* species are crepuscular, flying at dawn, dusk, and during rain; they may come to light at night. The large species fly fast and erratically in clearings, small species hover cautiously along edges or low above the ground. All species rest inside dense vegetation during the day and breed in nearby seasonal pools. Good places to find them are thick undergrowth along dry streambeds and bordering forested swamps, but adults are easiest to catch as they hunt along narrow forest paths during the 15 minutes before and after sunset and to a lesser degree at sunrise.

The species are mainly greenish and brown with eyes than are even larger than those of other aeshnids, well over twice as wide as the **frons**. The hindwing has a **cubital field** of usually only one cell-row at base, as well as an **anal triangle** that falls clearly short of the **tornus** and is abutted only at its extreme base by a small **membranule**.

CLUBTAILS — GOMPHIDAE

Worldwide and composed of just over 100 genera and 1000 species, making this the largest **anisopteran** family after the Libellulidae. Most species inhabit rivers and streams. Adults can be shy and elusive, while larvae are easier to find. About 14% of gomphid diversity is **Afrotropical**, but the family is poorly represented on Madagascar. Nonetheless, probably two genera are endemic and additional species await discovery.

The family is differentiated from other **Anisoptera** by the separated eyes. The species differ strongly in the male appendages but are quite uniform in appearance, having black,

être discrets et fuyants mais les larves sont plus faciles à trouver. Environ 14 % de la diversité des gomphes est **afrotropicale** mais la famille est peu représentée à Madagascar. Néanmoins, il est probable que deux genres en soient endémiques et que de nouvelles espèces attendant d'être découvertes.

La famille se distingue des autres **Anisoptera** par la présence d'yeux séparés. Les espèces se différencient fortement par les appendices des mâles mais sont assez uniformes dans leur apparence générale avec une coloration noire, marron, jaune et verte, ainsi que des yeux souvent bleus (parfois verts). Les trois genres malgaches sont de relativement grande taille avec un corps distinctement noir et jaune et l'extrémité de l'abdomen rouge brillant. Cette apparence remarquable se rencontre aussi chez *Phyllomacromia trifasciata*, une espèce non affiliée, ainsi que chez certains *Nesocordulia* spp. D'aussi fortes convergences d'apparence n'ont jamais été observées en dehors de Madagascar.

Paragomphes — *Paragomphus* (Figures 101 et 102)

Le genre occupe les parties chaudes d'Afrique et d'Eurasie. Les espèces africaines (plus de 30) sont parmi les Gomphidae les plus communément rencontrés sur le continent. Les espèces malgaches présentent plus d'affinités avec les espèces du continent qu'entre elles, bien que la distinction entre le Paragomphe déroutant *P. obliteratus* et le Paragomphe zorro *P. z-viridum* (tous deux supposés endémiques

brown, yellow and, green coloration, although the eyes are often blue (if not green). The three Malagasy genera each include relatively large species with a boldly black and yellow body and bright reddish abdominal tip. This striking appearance is shared with the unrelated *Phyllomacromia trifasciata*

Figure 101. Mâle de Paragomphe malgache *Paragomphus madegassus*, Isalo. Gomphe le plus répandu de l'île, il se reconnaît facilement grâce à son thorax vert avec des marques sombres. Il est possible qu'il s'agisse de la même espèce que le Paragomphe commun *P. genei* du continent africain, espèce dont une forme sombre a aussi été décrite comme la sous-espèce *ndzuaniensis* d'Anjouan et de Mayotte. Tout comme leurs équivalents africains, toutes ces espèces se reproduisent dans les étendues d'eau ouvertes, y compris celles temporaires ; quoique ces espèces soient fréquentes dans les ruisseaux et rivières. (Cliché par Michael Post.) / **Figure 101.** Madagascar Hooktail *Paragomphus madegassus* male, Isalo. The island's most widespread gomphid, easily recognized by the green thorax with dark markings. May be the same species as the Common Hooktail *P. genei* from mainland Africa, a dark form of which was described as the subspecies *ndzuaniensis* from Anjouan and Mayotte. Like their continental counterparts, these may all breed in any open water body, including temporary ones, although most commonly in streams and rivers. (Photo by Michael Post.)

Figure 102. Mâle de Paragomphe joueur *Paragomphus fritillarius*, Parc National de l'Isalo. Cette espèce se limite probablement aux ruisseaux et rivières permanents ensoleillés, surtout dans les forêts (galeries). Plus noire, avec des taches distictives jaunes et des appendices grêles caractéristiques, cette espèce très notable peut se confondre plus facilement avec *Onychogomphus aequistylus* ou avec *Isomma* sp. plutôt qu'avec *P. madegassus*. (Cliché par Erland Nielsen.) / **Figure 102.** Spotted Hooktail *Paragomphus fritillarius* male, Isalo National Park. Probably confined to permanent but sunny streams and rivers, mainly within (gallery) forest. Blacker with distinct yellow spotting and diagnostically slender appendages, this conspicuous species is more likely to be confused with *Onychogomphus aequistylus* or an *Isomma* sp. than with *P. madegassus*. (Photo by Erland Nielsen.)

de Madagascar) soit confuse. Chez toutes les espèces, les mâles sont d'assez petite taille (avec des ailes postérieures de 21-28 mm) et sont facilement affectés au genre grâce à leurs **cercoïdes** effilés et recourbés vers le bas et bien plus longs que l'épiprocte.

**Harpagomphes — *Onychogomphus*
(Figures 103 à 105)**
Plus de 40 espèces se rencontrent en Eurasie. Ceci dit, les différentes espèces de l'Afrique tropicale et les

and some *Nesocordulia* spp. Such strong convergence of these features has not been seen outside of Madagascar.

**Hooktails — *Paragomphus*
(Figures 101 and 102)**
The genus inhabits the warm parts of Africa and Eurasia. The over 30 African species are among the most often encountered gomphids on the continent. The Malagasy species appear to be more closely related to mainland species than to each other, although the identities of the Confusing Hooktail *P. obliteratus* and Zorro Hooktail *P. z-viridum* (both presumed endemic to Madagascar) are not clear. Males of all species are fairly small (hindwing 21-28 mm) and easily assigned to the genus by their tapering down-curved **cerci** that are much longer than the **epiproct**.

**Claspertails — *Onychogomphus*
(Figures 103 to 105)**
Over 40 species occur in Eurasia, but the various tropical African and two endemic Malagasy species may be related more closely to the **Afrotropical** genera *Libyogomphus* and *Cornigomphus*, respectively; both groups will be allocated to new genera in the future. Males perch flat on vegetation or rocks at forested rivers, streams, and **seeps**. They are recognized by their moderate size (hindwing 25-33 mm) and the male **cerci** and **epiproct** of similar length. Moreover, the pale spots at the base of the abdominal segments lie on the sides rather than on top.

deux espèces endémiques malgaches se rapprochent respectivement plus des genres **afrotropicaux** *Libyogomphus* et *Cornigomphus* ; ces deux groupes seront attribués à de nouveaux genres dans le futur. Les mâles se posent à plat sur la végétation ou sur les rochers des rivières, ruisseaux, et **zones de suintement** forestiers. Les harpagomphes sont de taille moyenne (avec des ailes postérieures de 25-33 mm) et se reconnaissent à leurs **cercoïdes** et épiproctes de même longueur chez les mâles. De plus, les marques pâles à la base des segments abdominaux se trouvent plutôt sur les côtés que sur le dessus.

Figure 104. Femelle de Harpagomphe pointe rouge *Onychogomphus aequistylus*, Parc National de Ranomafana. (Cliché par Dave Smallshire.) / **Figure 104.** Red-tipped Claspertail *Onychogomphus aequistylus* female, Ranomafana National Park. (Photo by Dave Smallshire.)

Figure 103. Mâle de Harpagomphe pointe rouge *Onychogomphus aequistylus*, Parc National de Ranomafana. Cette espèce de large taille et facilement observable est assez similaire à *Isomma* sp. ou à *Paragomphus fritillarius*. (Cliché par Erland Nielsen.) / **Figure 103.** Red-tipped Claspertail *Onychogomphus aequistylus* male, Ranomafana National Park. Large and conspicuous, rather like an *Isomma* sp. or *Paragomphus fritillarius*. (Photo by Erland Nielsen.)

Figure 105. Mâle de Harpagomphe pointe noire *Onychogomphus vadoni*, Parc National de Mantadia. De plus petite taille, cette espèce est plus sombre avec S8-10 d'un marron noirâtre plutôt que rougeâtre ainsi qu'une large bande noire descendant du centre du front. (Cliché par Callan Cohen.) / **Figure 105.** Dark-tipped Claspertail *Onychogomphus vadoni* male, Mantadia National Park. Smaller and darker with S8-10 blackish brown rather than reddish and a thick black band down the center of the frons. (Photo by Callan Cohen.)

Dragomphes — *Isomma* (Figures 106 et 107)

Ce genre représente la sous-famille **afrotropicale** des Phyllogomphinae dans le Nord et l'Est de Madagascar avec au moins trois espèces. Les genres *Ceratogomphus* et *Phyllogomphus* se rencontrent en Afrique. Deux espèces sont typiques du genre et se distinguent des autres gomphides malgaches par leur grande taille (avec des ailes postérieures de

Figure 106. Mâle de Dragomphe pointe rouge *Isomma hieroglyphicum*, Parc National de Mantadia. Les mâles se perchent sur les rochers et sur les branches exposés au-dessus des ruisseaux et rivières ensoleillés. Le Dragomphe pointe noire *I. elouardi* est tout aussi grand, mais présente un élargissement abdominal apical noir et préfère plutôt les ruisseaux forestiers ombragés. (Cliché par Erland Nielsen.) / **Figure 106.** Red-tipped Glyphtail *Isomma hieroglyphicum* male, Mantadia National Park. Males perch on exposed rocks and sticks over sunny rivers and streams. The Black-tipped Glyphtail *I. elouardi* is similarly large but with a black abdomen club and favors shaded forest streams. (Photo by Erland Nielsen.)

Glyphtails — *Isomma* (Figures 106 and 107)

The genus represents the **Afrotropical** subfamily Phyllogomphinae in northern and eastern Madagascar with at least three species. *Ceratogomphus* and *Phyllogomphus* occur on the continent. Two species are typical of the genus and distinct from other Malagasy gomphids by their large size (hindwing 34-39 mm), foliation on S8 but not S9 (absent in females), S10 about as long as S9, and the unusual male appendages with long up- and out-curved pale tips to the **cerci** and a short splayed **epiproct**. The Little Glyphtail *I. robinsoni* from Ile Sainte Marie, which was originally described in the genus *Malgassogomphus*, differs by its largely pale face and small size (hindwing 18.5 mm). A fourth but undescribed species is intermediate between it and the two

Figure 107. Femelle d'un Dragomphe pointe rouge *Isomma hieroglyphicum*, Parc National de Ranomafana. (Cliché par Michael Post.) / **Figure 107.** Red-tipped Glyphtail *Isomma hieroglyphicum* female, Ranomafana National Park. (Photo by Michael Post.)

34-39 mm), par la foliation sur S8 mais pas sur S9 (foliation absente chez les femelles), par un S10 presque aussi long que S9, ainsi que par les appendices inhabituels des mâles dont des **cercoïdes** aux extrémités pâles, longs et recourbés vers l'extérieur et un épiprocte court mais évasé. Le Dragomphe chétif *I. robinsoni* de l'île de Sainte Marie a été préalablement décrite dans le genre *Malgassogomphus* mais s'en différencie par sa face largement pâle et sa petite taille (avec des ailes postérieures de 18,5 mm). Une quatrième espèce non encore décrite est intermédiaire entre *I. robinsoni* et les deux espèces plus grandes. Le nom vernaculaire fait référence au nom scientifique de l'**espèce type** ainsi qu'à la forme complexe des appendices mâles. Pour cette espèce, les deux sexes survolent rapidement les ruisseaux et les rivières ; les mâles se posent néanmoins occasionnellement.

EMERAUDES, MACROMIES ET ASSOCIES — CORDULIIDAE, MACROMIIDAE ET LES GENRES SIMILAIRES

Presque la moitié des espèces d'**Anisoptera** appartiennent à la super-famille des Libelluloidea, au sein de laquelle, 70 % appartiennent à la famille des Libellulidae. Le reste, soit presque 450 espèces appartenant à environ 50 genres répartis à travers le monde, était autrefois groupé dans la famille des Corduliidae. La recherche génétique a néanmoins indiqué qu'au moins trois familles distinctes doivent être reconnues.

larger species. The vernacular name refers to the **type species'** scientific name, as well as the intricate shape of the male appendages. Both sexes fly rapidly over streams and rivers, males settling occasionally.

EMERALDS, CRUISERS, AND THEIR KIN — CORDULIIDAE, MACROMIIDAE, AND SIMILAR GENERA

Almost half of all **Anisoptera** species belong to the superfamily Libelluloidea and 70% of those to the family Libellulidae. The remainder, almost 450 species in about 50 genera worldwide, were once grouped as the family Corduliidae, but genetic research indicates that at least three separate families must be recognized.

About 170 species remain in the Corduliidae, placed mostly in Eurasian and North American genera, a few tropical American groups, and the predominantly Australasian genus *Hemicordulia* that reach the western Indian Ocean. About 125 species ranging from Eurasia to North America, northern Australia and Africa are now placed in the Macromiidae. Over 150 species found worldwide and especially in Australia, New Guinea, New Caledonia, and tropical Asia and America may represent additional families. The African genera *Idomacromia*, *Neophya*, and *Syncordulia*, as well as the Malagasy *Libellulosoma* and *Nesocordulia*, also belong to this unresolved group.

Unlike most libellulids and more like aeshnids, all of these dragonflies are restless fliers that hang vertically when

Environ 170 espèces sont restées chez les Corduliidae, principalement dans des genres de l'Eurasie et de l'Amérique du Nord. Seulement quelques groupes de l'Amérique tropicale ainsi que le genre *Hemicordulia* (en majeure partie situé en Asie australe) ont atteint la partie occidentale de l'océan Indien. Environ 125 espèces, allant de l'Eurasie à l'Amérique du Nord, à l'Australie septentrionale jusqu'en Afrique, sont maintenant classées chez les Macromiidae. Plus de 150 espèces rencontrées à travers le monde, plus particulièrement en Australie, en Nouvelle Guinée, en Nouvelle Calédonie ainsi qu'en Asie et Amérique tropicales, pourraient représenter des familles additionnelles. Les genres *Idomacromia*, *Neophya* et *Syncordulia* du continent africain, ainsi que les genres *Libellulosoma* et *Nesocordulia* font partie de ces groupes non encore résolus.

Contrairement à la plupart des libellulides mais plus similairement aux aeshnides, toutes ces libellules sont des insectes volants infatigables qui, au repos, se tiennent en position verticale. De nombreuses espèces sont difficiles à trouver et à capturer en tant qu'adultes et il vaut mieux en chercher les larves. Alors que les caractéristiques des ailes rappellent les Libellulidae (par exemple : la plupart des **nervures transverses anténodales** sont alignées dans les deux espaces alaires concernés tandis que les **triangles** des ailes antérieures et postérieures sont dissimilaires), d'autres caractéristiques sont partagées avec les Aeshnidae (par exemple : les auricules sont présentes

settled. Many species are difficult to find and catch as adults and perhaps better sought as larvae. While most wing features recall Libellulidae, such as most **antenodal cross-veins** being aligned in the two leading wing spaces and the dissimilar **triangles** in fore- and hindwing, others are shared with the Aeshnidae. For example, **auricles** are present on S2 and an **anal triangle** in the hindwings in all genera except *Hemicordulia*. Other "corduliid" features are the arched posterior border of the eyes, the ridge-like keels on the (at least hind) male tibiae, the absence of transverse ridges near the base of S2-4, and the often extensively metallic green bodies.

Island Emeralds — *Hemicordulia* (Figures 108 to 110)

Over 50 species occur mainly in Australia and New Guinea, but four extend across the Indian Ocean, of which three are endemic to the **Malagasy Region** while the similar African Emerald *H. africana* occurs from Uganda to KwaZulu-Natal. This similarity probably represents transoceanic colonization from the east. The venation is unique among Malagasy "corduliids" and more like a libellulid's by having only seven **antenodal cross-veins** (rarely six or eight) in the forewings, only one **cubital cross-vein**, in all wings no cross-veins in the **supertriangles**, a long **anal loop** of 15-16 cells that is expanded distally, and in males no **anal triangles**.

sur S2 et il existe un **triangle anal** sur les ailes postérieures de tous les genres, sauf chez *Hemicordulia*. Les autres caractéristiques « cordulidiennes » sont : la bordure postérieure arquée des yeux, l'arête en forme de quille de bateau sur les tibias (au moins les postérieurs) des mâles, l'absence de crêtes transversales près de la base des S2-4 et la couleur vert métallique souvent bien marquée sur le corps.

Emeraudes — *Hemicordulia* (Figures 108 à 110)

Plus de 50 espèces se rencontrent en Australie et en Nouvelle Guinée mais quatre s'étendent sur l'océan Indien, dont trois sont endémiques de la **Région malgache**. Par ailleurs, une espèce similaire à ces dernières, l'Emeraude africaine *H. africana*, s'observe en Ouganda jusqu'au KwaZulu-Natal. Cette similarité présente probablement une colonisation transocéanique venant de l'est. Parmi les « cordulies » malgaches, la nervation est unique

Figure 108. Mâle d'Emeraude malgache *Hemicordulia similis*, Isalo. Chez cette espèce de taille moyenne (avec des ailes postérieures de 27-33 mm), la face ainsi que les côtés du thorax et de l'abdomen (plus particulièrement S4-8) sont d'un vert sombre métallique avec des marques d'un jaune plus chaud. En dehors de Madagascar, l'espèce est également connue de Mahé dans les Seychelles. (Cliché par Mike Averill.) / **Figure 108.** Madagascar Emerald *Hemicordulia similis* male, Isalo. Medium-sized (hindwing 27-33 mm), metallic dark green with warm yellow markings in the face, and the sides of thorax and abdomen, most clearly on S4-8. Aside from Madagascar, it has been recorded from Mahé in the Seychelles. (Photo by Mike Averill.)

Figure 109. Mâle d'Emeraude malgache *Hemicordulia similis*, Isalo. Les mâles volent très près de la surface des étendues d'eau, surtout quand la luminosité est faible, comme c'est le cas en fin d'après-midi ou pendant les journées nuageuses (voir également Figure 8). (Cliché par Michael Post.) / **Figure 109.** Madagascar Emerald *Hemicordulia similis* male, Isalo. Males patrol low over calm waters, preferably with low light such as in the late afternoon or during cloudy weather (see also Figure 8). (Photo by Michael Post.)

Figure 110. Femelle récemment émergée d'Emeraude de Bourbon *Hemicordulia atrovirens*, La Réunion. L'espèce se reproduit dans les mares des ruisseaux et rivières de La Réunion, à une altitude de 300 à 1500 m ; quoique, en dessous de 750 m, elle ne s'observe que dans les zones fortement ombragées des forêts. Ce dernier type d'habitat (ou les habitats en très hautes altitudes) n'héberge que très rarement d'autres espèces de libellules. En général, *H. atrovirens* se distingue de *H. similis* par sa taille plus grande (avec des ailes postérieures de 32-39 mm) ainsi que par les huit **nervures transverses anténodales** et les sept **nervures transverses postnodales** (au lieu de sept et cinq respectivement) au niveau de ses ailes antérieures. Une espèce qui est presque identique, l'Emeraude de Maurice *H. virens*, occupe des habitats forestiers similaires entre 100 et 700 m d'altitude. Cette dernière espèce est beaucoup plus pâle et présente un thorax extensivement jaune ainsi que S6-8 avec des marques latérales jaunes. Etant donnée sa niche écologique relativement restreinte, *H. virens* est considérée comme une espèce En danger alors que *H. atrovirens* est classée parmi les espèces à Données insuffisantes. (Cliché par Dominique Martiré.) / **Figure 110.** Réunion Emerald *Hemicordulia atrovirens* freshly emerged female, La Réunion. Breeds in pools of streams and rivers on La Réunion at elevations from 300 to 1500 m, but below 750 m only in zones of deep forest shade. Such habitats in deep shade or at high altitudes rarely host other dragonfly species. *H.atrovirens* is separated from *H. similis* by its greater size (hindwing 32-39 mm), usually with eight **antenodal** and seven **postnodal cross-veins** (rather than seven and five) in the forewings. The almost identical Mauritius Emerald *H. virens* of similar forested habitats at 100-700 m in southwestern Mauritius is notably paler with a largely yellow thorax and yellow lateral spots on S6-8. Given its narrower ecological range, the latter species is considered Endangered, while its counterpart on La Réunion is classified as Data Deficient. (Photo by Dominique Martiré.)

et ressemble plutôt à celle des libellulides avec seulement sept **nervures transverses anténodales** (plus rarement six ou huit) sur les ailes antérieures ainsi qu'une seule nervure transverse cubitale. Par contre, aucune aile ne présente de nervures transverses sur les **supertriangles**. La **boucle anale** de 15-16 cellules s'évase à son extrémité. Les mâles ne présentent pas de **triangles anaux**.

African Cruisers — *Phyllomacromia* (Figure 111)

Almost all cruisers were once placed in *Macromia*, but the over 35 **Afrotropical** species were transferred to the genus *Phyllomacromia*. The single Malagasy species is unlike any other dragonfly on Madagascar by its large size (hindwing 35-40 mm), bright green eyes, spidery legs, and yellow-ringed abdomen with a rusty

Macromies africaines — *Phyllomacromia* (Figure 111)

Presque toutes les macromies étaient auparavant classées parmi les *Macromia* ; puis les 35 espèces et plus qui étaient issues des **Afrotropiques** ont été transférées dans le genre *Phyllomacromia*. L'unique espèce malgache ne ressemble à aucune autre libellule de Madagascar, avec sa grande taille (ailes postérieures de 35-40 mm), ses yeux d'un vert brillant, ses longues pattes en forme d'araignée et son abdomen à anneaux jaunes avec une extrémité élargie de couleur rouille. Les femelles ont des yeux plus pâles que ceux des mâles, tandis que ces derniers ne présentent pas de taches caractéristiques sur les ailes. Les adultes volent bas mais rapidement à la surface de la plupart des ruisseaux et rivières de Madagascar. Mais s'installent le plus souvent loin des eaux, perchés dans les buissons ou dans les arbres. En comparaison, les *Nesocordulia* sont beaucoup plus petites, tandis que les gomphes se posent à l'horizontale. Aucun de ces deux taxons ne présente de bandes thoraciques droites de couleur jaune. La nervation de *Phyllomacromia* est caractéristique avec trois à cinq **nervures transverses cubitales**, de même que la volumineuse **boucle anale** de six à neuf cellules (plus chez les femelles) qui, dépourvue de nervure centrale, peut s'étendre aussi loin que l'extrémité distale du **triangle**.

Cordulibes — *Nesocordulia* (Figures 112 à 114)

Au moins cinq espèces identifiées sont endémiques de Madagascar, alors

Figure 111. Femelle de Macromie malgache *Phyllomacromia trifasciata*, Isalo. (Cliché par Allan Brandon.) / **Figure 111.** Madagascar Cruiser *Phyllomacromia trifasciata* female, Isalo. (Photo by Allan Brandon.)

club. The female, has duller eyes than the male, but males lack the distinct wing markings. Adults fly low and fast over most streams or rivers on the island, but more often settle away from water, hanging in bushes or trees. *Nesocordulia* is much smaller, while gomphids perch upright; both also lack the straight yellow thoracic bands. The venation of *Phyllomacromia* is distinctive with three to five **cubital cross-veins** in all wings and a stout **anal loop** of six to nine cells (more in females) that at most extends as far as the distal end of the **triangle** and lacks a midrib.

Knifetails — *Nesocordulia* (Figures 112 to 114)

At least five named species are endemic to Madagascar, while *N. villiersi* is known only from a single male collected on Mohéli in 1955 and considered Endangered. Most species probably inhabit streams and rivers

que *N. villiersi* n'est connue de Mohéli qu'à partir d'un mâle unique collecté en 1955 et est, par conséquent, considéré comme espèce En danger. La plupart des espèces habitent probablement les ruisseaux et les rivières des forêts humides ; quoique certaines aient été vues dans les régions sèches de l'Ouest. Les adultes volent furtivement à la surface de l'eau et peuvent s'observer plus facilement au repos dans les arbres ou en train de chasser dans les clairières forestières, loin de leurs habitats de reproduction.

in wet forest, although some have been seen in the dry west. Adults fly furtively over water and may be found more easily when resting in trees or hunting in forest clearings away from their breeding habitats. The genus is possibly related to the elusive *Idomacromia* from Central Africa.

The venation of these medium-sized dragonflies (hindwing 30-40 mm) is distinctive among Malagasy "corduliids" by having a long **anal loop** with 12-18 cells that is not expanded distally. There is usually one **cubital cross-vein** in the fore- and two in the hindwings, whereas others tend to have equal or greater numbers in the hind- relative to the forewing.

Figure 112. Probablement un mâle de Cordulibe à queue rousse *Nesocordulia malgassica*, Isalo. Cette espèce est l'une des deux espèces avec des S8-10 rougeâtres, l'autre étant la Cordulibe à queue rouge *N. rubricauda*. Les deux peuvent se confondre avec *Phyllomacromia trifasciata*, sauf qu'elles sont plus petites et présentent un thorax vert métallique avec des marques discontinues jaunes. (Cliché par Dennis Paulson.) / **Figure 112.** Possible Rusty-tipped Knifetail *Nesocordulia malgassica* male, Isalo. This is one of at least two species with reddish S8-10, the other being the Red-tailed Knifetail *N. rubricauda*. They may be confused with *Phyllomacromia trifasciata* but are smaller with a metallic green thorax with fragmented yellow markings. (Photo by Dennis Paulson.)

Figure 113. Probablement une femelle de Cordulibe à queue blanche *Nesocordulia mascarenica*, Parc National de Masoala. L'abdomen noir contrastant avec les **cercoïdes** blanchâtres se rencontre aussi chez la Cordulibe à queue jaune *N. flavicauda* et chez la Cordulibe à pointe *N. spinicauda*. (Cliché par Callan Cohen.) / **Figure 113.** Possible White-tipped Knifetail *Nesocordulia mascarenica* female, Masoala National Park. The black abdomen contrasting with the whitish **cerci** is shared with the Yellow-tailed Knifetail *N. flavicauda* and Spine-tailed Knifetail *N. spinicauda*. (Photo by Callan Cohen.)

Le genre est probablement apparenté à l'élusif *Idomacromia* d'Afrique Centrale.

La nervation de ces libellules de taille moyenne (avec des ailes postérieures de 30-40 mm) est très caractéristique parmi les « cordulies » malgaches à cause de la longue **boucle anale** de 12-18 cellules, boucle qui ne s'évase pas à son extrémité distale. Il y a généralement une **nervure transverse cubitale** sur les ailes antérieures et deux nervures sur les ailes postérieures ; alors que les autres genres ont tendance à en avoir au moins autant sur les ailes antérieures que sur les ailes postérieures.

Le nom vernaculaire de *Nesocordulia* vient de l'association des noms de famille "Corduliidae" et "Libellulidae", en lien avec la lame caractéristique sur le S10 des mâles. L'identification des espèces ne sera pas facile tant que la révision du genre n'aura pas eu lieu, l'identification étant basée sur les marques et autres différences subtiles sur le S10 des mâles ainsi que sur leurs **cercoïdes**.

Mélusines — *Libellulosoma* (Figure 115)

Décrite en 1906, l'unique espèce de ce genre n'etait connue qu'à partir de deux spécimens. Récemment, elle a été redécouverte dans la forêt littorale du Sud-est de Madagascar. Alors qu'elle est encore classée comme espèce à Données insuffisantes, il se pourrait qu'elle soit en réalité menacée, surtout si elle est effectivement confinée à ce type de forêt déjà en péril.

Chez ce genre, la forme et les marques rappellent d'autres libellules comme les *Malgassophlebia* ou les *Neodythemis*, d'où les noms vernaculaire et scientifique.

Figure 114. Mâle de Cordulibe fossa *Nesocordulia* sp., Parc National de Mantadia. Espèce non encore décrite, dont l'identité est basée sur son corps, surtout d'un marron rougeâtre et sur ses ailes sombres à leur base. (Cliché par Dave Smallshire.) / **Figure 114.** Fossa Knifetail *Nesocordulia* sp. male, Mantadia National Park. Undescribed species that is unique based on its largely reddish brown body and dark-based wings. (Photo by Dave Smallshire.)

Nesocordulia gets its vernacular name from the association of the family names "Corduliidae" and "Libellulidae", in connection with the distinctive blade on the male S10. Species identification will not be easy until the genus is revised, relying on markings and subtle differences in the male's S10 and **cerci**.

Skimmertail — *Libellulosoma* (Figure 115)

Described as early as 1906, the sole species in this genus was known only from two specimens, but recently rediscovered in littoral forest in southeastern Madagascar. While

Néanmoins, *Libellulosoma* ne perche pas aux bords des étendues d'eau comme les libellulides mais, au repos, s'accroche aux végétations éloignées de l'eau à la manière des « cordulies ». Le genre pourrait être affilié aux *Pentathemis* d'Australie et aux *Aeschnosoma* d'Amérique du Sud. Suivant sa biogéographie, ses fossiles et sa phylogénie, le genre pourrait avoir déjà existé à Madagascar dès le début du Crétacé.

De taille moyenne (avec des ailes postérieures de 29-30 mm), *Libellulosoma minutum* est une espèce noire et effilée avec trois bandes jaunes sur les côtés du thorax, cinq à six paires de petits points jaunes sur l'abdomen, ainsi qu'une large marque jaune à la base de S7. La nervation est unique parmi les « cordulies » malgaches avec trois cellules sur les **triangles** des ailes antérieures et deux cellules sur ceux des ailes postérieures. Ces traits distinctifs sont combinés au nombre de **nervures transverses cubitales** (trois sur les ailes antérieures et deux sur les ailes postérieures), à la présence de **triangles anaux** distincts et d'une longue **boucle anale** de 17-19 cellules s'évasant aux extrémités comme chez *Hemicordulia*.

PIRATES, GUETTEURS ET ASSOCIES — LIBELLULIDAE

Avec 140 genres et 1030 espèces à travers le monde, c'est la plus grande famille d'**Anisoptera**. En bordure des plans d'eau, ce sont souvent des libellules particulièrement actives et faciles à observer. Cette famille est exceptionnellement bien représentée dans les **Afrotropiques** avec environ 30 % des genres et plus de 23 % des espèces existant dans le monde. De

Figure 115. Mâle de Mélusine *Libellulosoma minutum*, Sainte Luce. (Cliché par Lucia Chmurova.) / **Figure 115.** Skimmertail *Libellulosoma minutum* male, Sainte Luce. (Photo by Lucia Chmurova.)

currently classified as Data Deficient, the species may well be under threat if it is confined to this imperilled forest type.

The genus's shape and markings recall skimmer (Libellulidae) genera like *Malgassophlebia* or *Neodythemis*, hence the vernacular and scientific names. However, *Libellulosoma* does not perch by the waterside like libellulids, but rests by hanging in vegetation away from the water like other "corduliids". The genus may be related to *Pentathemis* from Australia and *Aeschnosoma* from South America, and based on biogeography, the fossil record, and phylogeny might have already been present on Madagascar in the Early Cretaceous.

Libellulosoma minutum is a medium-sized (hindwing 29-30 mm) slender

même, 27 % des espèces d'odonates de la **Région malgache** sont des libellulides. Alors que cette famille est traditionnellement divisée en de nombreuses sous-familles (sur la base de la nervation alaire), ces dernières ne semblent pas vraiment avoir de proches affiliations et requièrent donc une révision. L'ordre d'apparition adopté ci-dessous est déterminé à la fois par le degré de parenté entre les genres et par leurs similarités morphologiques.

Trapules — *Thermorthemis* (Figures 116 à 119)

Le massif *T. madagascariensis* pourrait être la plus caractéristique des libellules de Madagascar. Les

Figure 116. Mâle de Trapule malgache *Thermorthemis madagascariensis*, Parc National de Ranomafana. Les mâles matures ont la tête, le thorax et la moitié basale des ailes noirs, tandis que le large abdomen présente une **pruinosité** bleu-gris. (Cliché par Erland Nielsen.) / **Figure 116.** Madagascar Jungleskimmer *Thermorthemis madagascariensis* male, Ranomafana National Park. Mature males have the head, thorax, and basal half of wings black and the broad abdomen blue-gray **pruinose**. (Photo by Erland Nielsen.)

black species with three yellow bands on the side of the thorax and five or six pairs of small yellow dots on the abdomen, as well as distinctly larger yellow mark at the base of S7. The venation is unique among Malagasy "corduliids" by having three and two cells in the fore- and hindwing **triangles**, respectively. This is combined with three and two **cubital cross-veins** in the fore- and hindwings, three cross-veins in the forewing **supertriangles**, the presence of distinct **anal triangles**, and a long **anal loop** of 17-19 cells that is expanded distally, rather like *Hemicordulia*.

SKIMMERS, PERCHERS, AND THEIR KIN — LIBELLULIDAE

With 140 genera and 1030 species worldwide, this is the largest **anisopteran** family. At the water edge, they are often the most active and conspicuous dragonflies. The family is exceptionally well represented in the **Afrotropics**, with about 30% of the world's genera and over 23% of the species. Similarly, 27% of the odonate species in the **Malagasy Region** are libellulids. While divided traditionally into numerous subfamilies based on similarities of wing venation, these do not indicate close relationships and require review. The order below is determined by both relatedness and morphological similarity.

mâles peuvent être observés en train de défendre activement des étendues d'eau stagnante abritées. Les adultes se rencontrent aussi dans les emplacements ensoleillés des clairières et des lisières de forêt. Les deux sexes sont corpulents (avec des ailes postérieures de 41-47 mm) et sont remarquables quoique colorés différemment. Endémique de la **Région malgache**, le genre rappelle les sept espèces de *Hadrothemis* d'Afrique tropicale, espèces dont les femelles ont aussi l'habitude de voltiger au-dessus des plans d'eau en frappant rythmiquement la surface avec l'extrémité de l'abdomen pour envoyer les oeufs dans des gouttes d'eau vers la rive (Figure 12).

Malagasy Jungleskimmers — *Thermorthemis* (Figures 116 to 119)

The massive *T. madagascariensis* may be Madagascar's most distinctive dragonfly. Males can be found actively defending sheltered standing water bodies. Adults are also encountered at sunny spots in forest clearings and edges. Both sexes are bulky (hindwing 41-47 mm) and very striking, but colored differently. Endemic to the **Malagasy Region**, the genus recalls the seven *Hadrothemis* species of tropical Africa, which also have the habit of hovering females rhythmically hitting the water surface with the abdomen tip, propelling eggs in drops of water onto the bank (Figure 12).

Figure 117. Femelle de Trapule malgache *Thermorthemis madagascariensis*, Parc National d'Analamazaotra. La femelle est marron-orangé et présente une ligne pâle sur le dos du thorax ainsi que des ailes aux extrémités sombres. (Cliché par Allan Brandon.) / **Figure 117.** Madagascar Jungleskimmer *Thermorthemis madagascariensis* female, Analamazaotra National Park. The female is orange-brown with a pale line over the back of the thorax and broadly dark wing tips. (Photo by Allan Brandon.)

Figure 118. Mâle fraîchement émergé de Trapule malgache *Thermorthemis madagascariensis*, Isalo. Bien qu'un mâle **ténéral** puisse ressembler à une femelle aux ailes sont complètement transparentes, un peu de couleur se voit déjà dans ce cas-ci. (Cliché par Allan Brandon.) / **Figure 118.** Madagascar Jungleskimmer *Thermorthemis madagascariensis* freshly emerged male, Isalo. Although **teneral** males look like females with completely clear wings, some color is already coming through in this male. (Photo by Allan Brandon.)

Figure 119. Mâle de Trapule comorien *Thermorthemis comorensis*, Grande Comore. Cette espèce est assez commune dans les plans d'eau stagnante (y compris dans les bassins en béton) de Grande Comore et d'Anjouan ; elle a aussi été vue une fois à Mayotte. Les femelles et les mâles fraîchement émergés sont identiques à ceux de *T. madagascariensis*. Néanmoins, chez les mâles matures, les marques à la base des ailes sont beaucoup moins étendues : au moins neuf **nervures transverses anténodales** se trouvent dans la zone claire entre les marques et le **nodus** des ailes antérieures, tandis qu'il n'y en a que trois sur les ailes postérieures. Par contre, chez les mâles pleinement matures de *T. madagascariensis*, quatre nervures anténodales au maximum sont dans la zone claire et les marques sombres s'étendent jusqu'à une ou deux nervures transverses au-delà du nodus. (Cliché par Alain Gauthier.) / **Figure 119.** Comoro Jungleskimmer *Thermorthemis comorensis* male, Grande Comore, Comoros. Common at stagnant water bodies (including small concrete basins) on Grande Comore and Anjouan, and has been seen once on Mayotte. Females and fresh males are identical to those of *T. madagascariensis*. However, the markings at the base of the wings of mature *T. comorensis* males are much less extensive: at least nine **antenodal cross-veins** lie in the clear area between the markings and the **node** in the forewings and three in the hindwings, while at most four antenodal cross-veins are clear in fully mature *T. madagascariensis* and the markings extend up to or even one or two cross-veins beyond the node. (Photo by Alain Gauthier.)

Pirates — *Orthetrum* (Figures 120 à 135)

Le genre s'étend largement à travers l'Ancien Monde, avec presque 70 espèces, dont plus de la moitié se rencontrent en Afrique et au moins huit se rencontrent dans la **Région malgache**. Ces espèces s'observent facilement dans les étendues ouvertes des habitats d'eau fraîche. Les *Orthetrum* spp. sont de taille moyenne à assez grande (avec des ailes postérieures de 26-38 mm) et présentent un front aplati antérieurement, donnant deux

Skimmers — *Orthetrum* (Figures 120 to 135)

The genus ranges widely across the Old World with almost 70 species, of which more than half occur in Africa and at least eight in the **Malagasy Region**. The species are conspicuous at most open freshwater habitats. *Orthetrum* spp. are medium-sized to fairly large (hindwing 26-38 mm) and have the frons flattened anteriorly, resulting in two roundly triangular "frontal shields" demarcated by ridges. The following combination of forewing features is usually only found in *Orthetrum* and *Thermorthemis*: distal

« boucliers frontaux » triangulaires arrondis démarqués par des crêtes. Sur les ailes antérieures, la combinaison des caractères suivants ne s'observe généralement que chez *Orthetrum* et *Thermorthemis* : une **nervure transverse anténodale** distale complète, un **arculus** distal à la seconde nervure transverse anténodale, un **supertriangle** avec une ou deux **nervures transverses** et un **champ discoïdal** dont la base présente trois rangées de cellules ou plus (rarement deux rangées).

Identifier les espèces d'*Orthetrum* peut constituer un défi. Alors que les femelles et les mâles fraîchement

antenodal cross-vein complete, **arculus** distal to second antenodal cross-vein, **supertriangle** with one to two cross-veins, and **discoidal field** of three or more cell-rows (rarely two) at base.

Distinguishing *Orthetrum* species may be a challenge. While females and fresh males are yellow to brown with diagnostic black markings, mature males look similar to one another because blue-gray **pruinosity** (matched with characteristic bluish eyes) develops to cover most of the

Figure 120. Mâle de Pirate voiles d'or *Orthetrum azureum*, Parc National de Ranomafana. Espèce endémique de Madagascar, commune dans toutes les étendues d'eau ouvertes comme les rizières. Les mâles matures présentent un abdomen large aux côtés droits (c.-à-.d. sans taille marquée) et des ailes dont les bases sont généralement tachées de jaune. (Cliché par Allan Brandon.) / **Figure 120.** Broad Skimmer *Orthetrum azureum* male, Ranomafana National Park. Common endemic at any open water body on Madagascar, such as rice paddies. Mature males have a broad straight-sided (i.e. without a waist) abdomen and usually yellow-stained wing bases. (Photo by Allan Brandon.)

Figure 121. Femelle de Pirate voiles d'or *Orthetrum azureum*, Parc National de Ranomafana. Les femelles et les mâles fraîchement émergés (Figure 122) sont très différents des mâles matures (Figure 120) et sont distincts de par leur couleur d'un marron chaud uniforme avec presque pas de motifs noirs sur l'abdomen mais des **bandes antéhumérales** souvent pâles (voir également les Figures 3 et 5). (Cliché par Allan Brandon.) / **Figure 121.** Broad Skimmer *Orthetrum azureum* female, Ranomafana National Park. Females and fresh males (Figure 122) are very different to mature males (Figure 120) but also distinctive, being uniformly warm-brown with almost no abdominal black but often-pale **antehumeral stripes** (see also Figures 3 and 5). (Photo by Allan Brandon.)

émergés varient de jaune à marron avec des marques noires caractéristiques, les mâles matures sont similaires entre eux à cause de la **pruinosité** bleu-gris (associée à des yeux bleus caractéristiques), pruinosité qui se développe pour couvrir presque entièrement le corps. La forme du **hamulus** chez les mâles constitue le critère de détermination le plus utile.

Le Pirate à deux balafres O. caffrum est caractéristique des marécages et des ruisseaux marécageux des hautes terres de l'Afrique méridionale et orientale ; sa présence à Madagascar est peu probable. La présence du Pirate à épaulettes O. chrysostigma (Burmeister, 1839), qui est aussi une espèce commune en Afrique et dans la partie adjacente d'Eurasie, n'y a pas été confirmée non plus.

body. The shape of the male's **hamule** is the most useful identification character.-

The Two-striped Skimmer O. caffrum is characteristic of marshes and marshy streams in the highlands of southern and eastern Africa, but its reported presence on Madagascar seems doubtful. The presence of the Epaulet Skimmer O. chrysostigma (Burmeister, 1839), which is common in much of Africa and adjacent Eurasia, is also unconfirmed.

Figure 123. Mâle de Pirate lugubre Orthetrum lugubre, Mayotte, Comores. Il a été décrit comme une sous-espèce d'O. azureum mais les deux sexes n'ont pas la base des ailes postérieures jaune. Par contre, ils présentent des **ptérostigmas** noirs, en plus de marques plus accentuées. Chez les males, la pruinosité laisse les quatre derniers segments noirs (deux seulement chez O. azureum) Contrairement aux espèces affiliées de Madagascar, celle de Mayotte évite les eaux stagnantes et, même si elle est commune dans les ruisseaux ouverts, elle est considérée comme une espèce Quasi menacée. (Cliché par Alain Gauthier.) / **Figure 123.** Mayotte Skimmer Orthetrum lugubre male, Mayotte, Comoros. Described as a subspecies of O. azureum, but both sexes lack the yellow hindwing bases, have black **pterostigmas**, and bolder markings. In pruinose males the last four (rather than two) segments remain largely black. Unlike its counterpart on Madagascar, the Mayotte species avoids standing water and, while it is quite common on open streams, is considered Near Threatened. (Photo by Alain Gauthier.)

Figure 122. Mâle fraîchement émergé de Pirate voiles d'or Orthetrum azureum, Parc National de Ranomafana. (Cliché par Allan Brandon.) / **Figure 122.** Broad Skimmer Orthetrum azureum freshly emerged male, Ranomafana National Park. (Photo by Allan Brandon.)

Figure 124. Femelle de Pirate lugubre *Orthetrum lugubre*, Mayotte, Comores. Les femelles et les mâles immatures ont les trois derniers segments abdominaux d'un noir contrasté. (Cliché par Alain Gauthier.) / **Figure 124.** Mayotte Skimmer *Orthetrum lugubre* female, Mayotte, Comoros. In immature males and females, the terminal three abdominal segments are contrastingly black. (Photo by Alain Gauthier.)

Figure 125. Mâle de Pirate à moustache *Orthetrum malgassicum*, Isalo. Auparavant considéré comme la sous-espèce malgache du Pirate moussaillon *O. abbotti* d'Afrique continentale, il s'agit en fait d'une espèce plus grande, avec une « moustache » distinctive noire sur le front (voir également la Figure 4). Elle préfère les endroits marécageux comme les flaques et ruisseaux herbeux dans tout Madagascar. Par contre, sa présence (ainsi que celle d'*O. abbotti*) dans les Comores reste à confirmer. Plutôt petite comparée aux autres membres de son genre, l'espèce s'identifie le plus facilement quand la **pruinosité** est encore absente (ou pas encore pleinement développée). (Figures 126 et 127). (Cliché par Dave Smallshire.) / **Figure 125.** Moustached Skimmer *Orthetrum malgassicum* male, Isalo. Previously treated as the Malagasy subspecies of the Little Skimmer *O. abbotti* from mainland Africa, but is larger and has a distinctive black "moustache" on the frons (see also Figure 4). It favors marshy spots like grassy puddles and streams all over Madagascar, but its presence (or that of *O. abbotti*) in the Comoros is unconfirmed. Small among Malagasy members of this genus, it is identified most easily when not (yet fully) **pruinose** (Figures 126 and 127). (Photo by Dave Smallshire.)

Figure 126. Femelle de Pirate à moustaches *Orthetrum malgassicum*, Parc National de Mantadia. Les femelles et les jeunes mâles (Figure 127) sont jaunâtres, avec une fine ligne noire centrée le long de l'abdomen et une épaisse ligne noire sur les côtés. (Cliché par Allan Brandon.) / **Figure 126.** Moustached Skimmer *Orthetrum malgassicum* female, Mantadia National Park. Females and younger males (Figure 127) are yellowish with a thin black line centrally on the abdomen and a thick black line on the sides. (Photo by Allan Brandon.)

Figure 127. Mâle fraîchement émergé de Pirate à moustaches *Orthetrum malgassicum*, Isalo. (Cliché par Allan Brandon.) / **Figure 127.** Moustached Skimmer *Orthetrum malgassicum* freshly emerged male, Isalo. (Photo by Allan Brandon.)

Figure 128. Mâle fraîchement émergé de Pirate à bésicles *Orthetrum icteromelas*, Isalo. L'espèce est très répandue en Afrique, quoiqu'un peu moins commune qu'*O. malgassicum* à Madagascar. Les mâles à **prunosité** développée des deux espèces se confondent facilement mais ceux d'*O. malgassicum* sont légèrement plus grands avec un abdomen plus grêle pourvu d'une taille plus marquée et des stries sombres aux épaules. Les marques sur le front sont typiquement plus fines, semblables à des lunettes à la monture noire ou à une figure en huit. Comparé à d'*O. malgassicum*, le motif noir de l'abdomen est inversé chez les femelles d'*O. icteromelas*, tandis que chez les mâles fraîchement émergés, la ligne centrale est épaisse mais les lignes latérales fines. (Cliché par Callan Cohen.) / **Figure 128.** Spectacled Skimmer *Orthetrum icteromelas* freshly emerged male, Isalo. Widespread across Africa but somewhat less common than *O. malgassicum* on Madagascar. **Pruinose** males are slightly larger than *O. malgassicum* with a more slender and waisted abdomen and dark shoulder streaks. The markings on the frons are typically thinner, forming what appears like black-rimmed spectacles or a black figure-of-eight. Compared to *O. malgassicum*, the black abdominal pattern is inverted in females and fresh males, being thick centrally with only thin lines on the sides. (Photo by Callan Cohen.)

Figure 129. Mâle de Pirate ravisseur *Orthetrum stemmale*, La Réunion. L'espèce est répandue dans les mares abritées d'Afrique, de Madagascar, des Comores, des Mascareignes (y compris de Rodrigues) ainsi que des Seychelles. Néanmoins, elle a été confondue avec l'espèce strictement continentale Pirate à bracelet *O. brachiale*. Alors que, en Afrique, cette dernière se distingue par ses **ptérostigmas** pâles (au lieu d'être sombres) et par les **sections subcostales** de ses **nervures transverses anténodales**, les populations **insulaires** semblent plus variables en ce qui concerne ces caractéristiques, ressemblant plus à *O. stemmale* pour les autres caractères morphologiques (voir cependant la Figure 131). Une autre espèce commune en Afrique, similaire mais de plus petite taille, le Pirate Julie *O. julia*, a été observée à Anjouan, dans les Comores. (Cliché par Michel Yerokine.) / **Figure 129.** Bold Skimmer *Orthetrum stemmale* male, La Réunion. Widespread at sheltered pools in Africa, Madagascar, the Comoros, the Mascarenes (including Rodrigues), and the Seychelles. However, it has been confused with the strictly continental Banded Skimmer *O. brachiale*. While the latter can be separated by the pale (rather than dark) **pterostigmas** and **subcostal sections** of the **antenodal cross-veins** in much of Africa, the **insular** populations appear variable for these features and closest to *O. stemmale* for other morphological characters (but see Figure 131). Another common African species, the similar but generally smaller Julia Skimmer *O. julia*, has been recorded from Anjouan in the Comoros. (Photo by Michel Yerokine.)

Figure 130. Mâle fraîchement émergé de Pirate ravisseur *Orthetrum stemmale*, Isalo. Dans la région, l'abdomen noir avec des anneaux pâles sur S4-6, le S10 pâle et les **cercoïdes** des mâles sans pruinosité et des femelles ne sont partagés qu'avec *O. lemur* ; cependant, le meilleur moyen d'identifier les mâles est d'examiner leurs **genitalia secondaires** (Cliché par Dennis Paulson.) / **Figure 130.** Bold Skimmer *Orthetrum stemmale* freshly emerged male, Isalo. The black abdomen with pale rings on S4-6 and pale S10 and **cerci** of non-pruinose males and females is shared only with *O. lemur* within the region, but males are best identified by their **secondary genitalia**. (Photo by Dennis Paulson.)

Figure 131. Mâle de Pirate ravisseur *Orthetrum stemmale*, La Réunion. Dans les hautes altitudes de La Réunion, les mâles sont plus grands et plus sombres, avec une nervation alaire plus dense. A maturité, ils ont des **ptérostigmas** et des **cercoïdes** noirs (au lieu d'être pâles) et ils présentent une large bande noire à travers le bas du **front**. Cette bande est aussi présente chez les populations des Seychelles (parfois considérées comme une sous-espèce nommée *O. s. wrighti*) et chez certains, sinon chez tous les mâles observés à Maurice où *O. stemmale* a été décrit pour la première fois. Des études génétiques et morphologiques plus poussées à travers la partie occidentale de l'océan Indien sont encore nécessaires pour pouvoir déterminer combien de **taxa** sont présents. (Cliché par Michel Yerokine.) / **Figure 131.** Bold Skimmer *Orthetrum stemmale* male, La Réunion. At higher elevations on La Réunion males are larger and darker, with denser wing venation. At maturity, these have black (rather than pale) **pterostigmas** and **cerci**, as well as a thick black band across the lower **frons**. This band is also present in the Seychelles population (sometimes treated as the subspecies *O. s. wrighti*) and in some (if not all) males from Mauritius, from where *O. stemmale* was first described. Detailed genetic and morphological study across the western Indian Ocean islands is required to determine how many **taxa** are present. (Photo by Michel Yerokine.)

Figure 132. Mâle de Pirate sombre *Orthetrum lemur*, Parc National de Masoala. Très proche de *O. stemmale* mais endémique de Madagascar, l'espèce est particulièrement commune dans la portion occidentale de l'île. La **pruinosité** des mâles matures est remarquablement dense (surtout sur le thorax) alors que la face semble noirâtre. Une différenciation plus exacte exige l'examen du **hamulus**. (Cliché par Callan Cohen.) / **Figure 132.** Lemur Skimmer *Orthetrum lemur* male, Masoala National Park. Closely related to *O. stemmale* but endemic to Madagascar and commoner in the western portion of the island. The **pruinosity** in mature males is notably dense (especially on the thorax), while the face appears blackish, but reliable separation requires examination of the **hamule**. (Photo by Callan Cohen.)

Figure 133. Mâle fraîchement émergé de Pirate sombre *Orthetrum lemur*, Parc National de Masoala. Comparé sans **pruinosité** avec *O. stemmale*, l'espèce présente chez les deux sexes de sombres marques thoraciques plutôt convergentes, au lieu d'être droites et parallèles, qui n'encadrent pas de bande blanchâtre. De plus, les anneaux pâles sur S4 ont tendance à être distinctement plus larges que ceux sur S5 et S6, s'étendant jusqu'à l'avant du segment. Par ailleurs, chez les femelles, non seulement S10 mais également les côtés de S9 sont pâles. (Cliché par Callan Cohen.) / **Figure 133.** Lemur Skimmer *Orthetrum lemur* freshly emerged male, Masoala National Park. Compared to *O. stemmale* when not **pruinose**, the dark thoracic markings in both sexes are confluent rather than straight and parallel, not enclosing whitish bands. In addition, the pale ring on S4 tends to be distinctly wider than that on S5 and S6, extending to the front of the segment, while in females not only S10 but also the sides of S9 are pale. (Photo by Callan Cohen.)

Figure 134. Mâle de Pirate effilé *Orthetrum trinacria*, Isalo. S'étendant d'Afrique jusqu'aux Comores, Madagascar et Aldabra, l'espèce diffère des autres pirates par son apparence générale ainsi que par ses mœurs puisqu'elle préfère les perchoirs bien exposés au-dessus de larges étendues d'eau stagnante. Les adultes sont de grande taille (avec des ailes postérieures de 29-38 mm), avec des **ptérostigmas** longs et pâles et un abdomen remarquablement allongé. Ce dernier est marqué par des stries de couleur crème (voir Figure 135) mais devenant une **pruinosité** uniformément gris foncé à maturité, au lieu du bleu pâle typique des *Orthetrum*. (Cliché par Michael Post.) / **Figure 134.** Long Skimmer *Orthetrum trinacria* male, Isalo. Ranges from Africa across the Comoros to Madagascar and Aldabra, and differs from other skimmers in general appearance and habit, favoring exposed perches over larger bodies of standing water. Adults are large (hindwing 29-38 mm) with long pale **pterostigmas** and a notably extended abdomen. The latter is marked with cream streaks (see Figure 135) but becomes uniformly dark gray **pruinose** with maturity, rather than the typical *Orthetrum* paler blue. (Photo by Michael Post.)

Figure 135. Femelle de Pirate effilé *Orthetrum trinacria*, Isalo. (Cliché par Dave Smallshire.) /
Figure 135. Long Skimmer *Orthetrum trinacria* female, Isalo. (Photo by Dave Smallshire.)

Célestines, Séraphines et Lokies — *Chalcostephia*, *Hemistigma* et *Aethiothemis* (Figures 136 à 140)
Ces trois genres, dont chacun renferme une unique espèce de taille moyenne (avec des ailes postérieures de 26-33 mm) dans la **Région malgache**, ne sont pas étroitement affiliés. Néanmoins, leurs espèces sont toutes de couleur sombre, avec des marques pâles prononcées et se couvrent (presque) complètement d'une **pruinosité** bleu-gris pâle chez les mâles matures. Ces espèces sont facilement confondues avec de petits *Orthetrum* spp. mais la moitié supérieure des yeux est plus souvent marron ; avec, en plus, des couleurs faciales contrastées chez *Chalcostephia* et *Hemistigma*. Par comparaison, *Chalcostephia* et *Hemistigma* ont des faces particulièrement marquées. Par ailleurs, contrairement au cas d'*Orthetrum*, les **nervures transverses anténodales** distales des ailes antérieures chez les trois genres sont généralement incomplètes (c.-à-d. sans **section subcostale**). Tous

Inspectors, Piedspots, and Flashers — *Chalcostephia*, *Hemistigma*, and *Aethiothemis* (Figures 136 to 140)
These three genera with each a single medium-sized species (hindwing 26-33 mm) in the **Malagasy Region** are not closely related. However, the species are similarly dark with bold pale markings, turning (almost) completely pale blue-gray **pruinose** with maturity in males. They are easily mistaken for a smaller *Orthetrum* spp., but the upperside of the eyes is more often brown, while *Chalcostephia* and *Hemistigma* have contrastingly marked faces. Moreover, unlike in *Orthetrum*, in all three genera the distal **antenodal cross-veins** in the forewing is usually incomplete (i.e. **subcostal section** is absent). All three probably breed in open marshes, but adults at least of *Chalcostephia* and *Hemistigma* often shelter inside forest.

Figure 136. Mâle de Célestine *Chalcostephia flavifrons*, Gambie. L'unique espèce de ce genre se rencontre à travers toute l'Afrique tropicale, dans des zones avec des étendues d'eau stagnante et une certaine couverture végétale. Aucune photo de la forme propre à Madagascar n'existe, forme qui a été classée en sous-espèce distincte dénommée *spinifera* et qui semble être de plus grande taille, avec des ailes antérieures de 31-32 mm (contre 24-29 mm chez les formes en Afrique). Le front aplati, d'un vert métallique contrastant avec la face d'un jaune éclatant, permet d'identifier immédiatement l'espèce. Tout aussi distinctifs sont le **triangle** des ailes postérieures, qui est clairement décalé de l'arculus, et la longue protubérance sur la partie inférieure de S1 chez les mâles. Les **ptérostigmas** larges et pâles, ainsi que les nervures transverses anténodales sur les ailes antérieures (en nombre de 9½ chez *Chalcostephia*, contre 11½-14½ chez *Aethiothemis* et *Hemistigma*) sont également de bons indices de terrain. (Cliché par Allan Brandon.) / **Figure 136.** Inspector *Chalcostephia flavifrons* male, Gambia. The only species in this genus is found throughout tropical Africa in areas with standing water and some vegetational cover. No photograph is known of the localized Madagascar form, which has been separated as the subspecies *spinifera* and seems larger (hindwing 31-32 mm versus 24-29). The flattened green metallic **frons** that contrasts with the bright yellow face identifies the species immediately. Equally distinctive are the hindwing **triangle** that is clearly displaced from the **arculus** and the long process on the underside of the male S1. The large pale **pterostigmas** and usually only 9½ **antenodal cross-veins** in the forewing (versus 11½-14½ in *Aethiothemis* and *Hemistigma*) are also good field-marks. (Photo by Allan Brandon.)

Figure 137. Femelle de Célestine *Chalcostephia flavifrons*, Gambie. Elle apparaît très différente du mâle car elle est sans **pruinosité** et présente un motif caractéristique de marques jaunes. (Cliché par Allan Brandon.) / **Figure 137.** Inspector *Chalcostephia flavifrons* female, Gambia. Appears very different to the male, lacking **pruinosity**, but with a distinctive pattern of yellow markings. (Photo by Allan Brandon.)

Figure 138. Mâle de Séraphine malgache *Hemistigma affine*, Bekopaka. Endémique localement commune à Madagascar et Mayotte, l'espèce est presque identique à *H. albipunctum* d'Afrique tropicale. Les deux espèces présentent des **ptérostigmas** caractéristiques à moitié blanc et à moitié noir. De plus, elles développent de sombres stries dans les **espaces subcostaux** des ailes antérieures. (Cliché par Bernhard Herren.) / **Figure 138.** Madagascar Piedspot *Hemistigma affine* male, Bekopaka. Locally common endemic on Madagascar and Mayotte, but almost identical to *H. albipunctum* from tropical Africa. Both species have diagnostic half-white half-black **pterostigmas** and develop dark streaks in the forewing **subcostal spaces**. (Photo by Bernhard Herren.)

Figure 139. Femelle de Séraphine malgache *Hemistigma affine*, Réserve Spéciale de Analamerana. Chez cette espèce, le bord antérieur et les extrémités des ailes sont souvent enfumés, comme c'est montré ici. (Cliché par Martin Mandak.) / **Figure 139.** Madagascar Piedspot *Hemistigma affine* female, Analamerana Special Reserve. The leading edge and tips of the wings are often smoky in this species, as shown here. (Photo by Martin Mandak.)

Figure 140. Mâle de Lokie modeste *Aethiothemis modesta*, Andasibe. Autrefois classée dans le genre *Lokia*, cette espèce de la partie orientale de Madagascar est rare. Son écologie est peu connue mais, à l'instar de ses 12 autres congénères d'Afrique tropicale, elle pourrait bien fréquenter les marais herbeux ouverts. Le mâle mature rappelle un *Orthetrum azureum* mais de plus petite taille (des ailes postérieures atteignant seulement 24-29 mm), avec des côtés thoraciques **pruineuses** ainsi que des ptérostigmas larges et sombres qui sont tout aussi inhabituels que la partie noire en-dessous de l'abdomen. L'**arculus** est placé entre les 2ème et 3ème **nervures transverses anténodales** (comptées à partir de la base) plutôt qu'entre les 1er et 2ème. (Cliché par Pia Reufsteck.) / **Figure 140.** Madagascar Flasher *Aethiothemis modesta* male, Andasibe. Placed formerly in the genus *Lokia*, this species is scarce in eastern Madagascar. Its ecology is unknown, but like its 12 tropical African congeners it may prefer open grassy marshes. The mature male recalls *Orthetrum azureum*, but is smaller (hindwing 24-29 and the **pruinose** sides of the thorax and large dark pterostigmas are unusual, as is the black abdomen underside. The **arculus** is placed between the second and third **antenodal cross-vein** counted from the base, rather than between the first and second. (Photo by Pia Reufsteck.)

les trois se reproduisent probablement dans les marécages ouverts ; mais les adultes, du moins ceux de *Chalcostephia* et de *Hemistigma*, se réfugient souvent dans les forêts.

Kinkirgas — Neodythemis (Figures 141 à 143)

Les cinq genres dans cette section et dans les deux suivantes sont similaires de par leur relativement petite taille (avec des ailes postérieures de 21-30 mm), leur couleur assez sombre, leurs marques jaunâtres souvent accompagnées d'une marque plus développée de couleur pâle sur S7 ou S8, comparées à celles des segments précédents. Bien que les cinq genres ne soient pas affiliés, ils partagent la même nervation distinctive, notamment le **champ discoïdal** des ailes antérieures qui présente une seule rangée de cellules à sa base, ainsi que la **boucle anale**, ronde et petite, des ailes postérieures, avec au maximum sept cellules.

Neodythemis peut généralement se distinguer par la présence d'une nervure transverse sur les **triangles** des ailes postérieures (nervure transverse absente chez les autres genres), par les trois à quatre **espaces ponts** (au lieu de une, rarement deux, chez les autres), par les espaces triangulaires en dessous des **subnodus** en comptant ceux s'inclinant vers la base des ailes et qui se situent à la base de ceux inclinés vers les extrémités. Le **hamule** est aussi unique, avec sa fente antérieure et son petit crochet (ce dernier étant souvent caché en vue latérale).

Endémiques des **Afrotropiques**, 10 espèces se rencontrent en Afrique occidentale et centrale. Il est

Junglewatchers — Neodythemis (Figures 141 to 143)

The five genera in this section and the following two sections are similar in being fairly small (hindwing 21-30 mm) and largely dark with yellowish markings, often with a more prominent pale mark on S7 or S8 than on the preceding segments. Although not all five are closely related, they share distinctive venation, most notably the forewing **discoidal field** has only one cell-row at its base and the **anal loop** in the hindwing is small and round with at most seven cells.

Neodythemis can usually be separated by the presence of one rather than zero cross-veins in the hindwing **triangles**, as well as three to four rather than one in the **bridge spaces** (rarely two in either), the triangular spaces below the **subnodes** (count those slanting towards the wing base that stand basal to those slanting towards the tips). The **hamule** with its anterior cleft and small hook (the latter is often concealed in lateral view) is also unique.

Endemic to the **Afrotropics**, 10 species occur in western and central Africa, and possibly four species are endemic to Madagascar. Most common and easily recognized by its unique markings is *N. hildebrandti*, found at most sites with running water on Madagascar, especially open rivers, but also near standing water (Figure 141). Three species with roundish spots on the thorax sides have been named: *N. arnoulti*, *N. pauliani*, and *N. trinervulata*. All three may be restricted to forest, mostly at **seeps** and small streams. They vary in ground color (from black to dark rusty) and marking

possible que quatre autres espèces soient endémiques de Madagascar. *Neodythemis hildebrandti* est le plus commun, surtout rencontré dans les sites de Madagascar présentant des cours d'eau, surtout près des rivières mais également près des eaux stagnantes (Figure 141). C'est aussi le plus facile à identifier avec ses marques uniques. Trois espèces avec des points arrondis sur les côtés du thorax ont été nommées *N. arnoulti*, *N. pauliani* et *N. trinervulata*. Toutes les trois se limitent probablement aux forêts, surtout dans les **zones de suintement** et dans les petits ruisseaux. Chez elles, la couleur de base (allant du noir au rouille sombre) details, but whether they represent one variable species or a complex of similar ones requires study (Figures 142 and 143).

Figure 142. Mâle du groupe des Kinkirgas tachetés non identifié *Neodythemis* sp., Parc National de Ranomafana. (Cliché par Netta Smith.) / **Figure 142.** Unidentified Spotted Junglewatcher *Neodythemis* sp. male, Ranomafana National Park. (Photo by Netta Smith.)

Figure 141. Mâle de Kinkirga zébré *Neodythemis hildebrandti*, Andasibe. Les marques thoraciques forment une configuration unique, surtout avec la « banane jaune » près de la base des ailes antérieures. (Cliché par Allan Brandon.) / **Figure 141.** Striped Junglewatcher *Neodythemis hildebrandti* male, Andasibe. The thoracic markings have a unique configuration, most notably with the "yellow banana" near the forewing base. (Photo by Allan Brandon.)

Figure 143. Mâle de Kinkirga « tacheté » non identifié *Neodythemis* sp., Parc National de Ranomafana. (Cliché par Callan Cohen.) / **Figure 143.** Unidentified Spotted Junglewatcher *Neodythemis* sp. male, Ranomafana National Park. (Photo by Callan Cohen.)

et les détails des marques varient. Savoir si elles représentent une même espèce aux formes variables ou un complexe d'espèces similaires reste encore à étudier (Figures 142 et 143).

Bellailes et Elfes — *Calophlebia* et *Tetrathemis* (Figures 144 à 147)

Les mâles de ces genres affiliés sont de taille petite à moyenne (avec des ailes postérieures de 24-34 mm). A l'émergence, ils ont des ailes transparentes qui deviennent extensivement plus sombres avec la maturité et qui servent à défendre les mares ombragées contre les intrusions (Figures 6 et 7). Chez *Calophlebia*, certains mâles gardent des ailes transparentes et ont auparavant été considérés comme une deuxième espèce (*C. interposita*). Néanmoins, comme les deux formes s'observent ensemble et comme, à l'occasion, des mâles ont seulement une seule paire d'ailes marquées, il doit s'agir de la même espèce. Peut-être que des mâles non marqués s'accouplent subrepticement avec les femelles quand les autres mâles sont occupés à se battre pour leurs territoires, comme cela s'observe aussi chez les autres Odonata. Les femelles pondent sur des plantes et sur des brindilles (ou sur des substrats similaires) au-dessus de la surface de l'eau ; mais si les femelles de *Calophlebia* le font en volant, celles de *Tetrathemis* se posent, ce qui est différent de la plupart des autres libellulides. *Tetrathemis* s'étend d'Australie jusqu'en Asie méridionale et Afrique tropicale où se trouvent huit des 14 espèces reconnues. *Tetrathemis polleni* est le seul à développer des ailes sombres et à atteindre Madagascar :

Prettywings and Elfs — *Calophlebia* and *Tetrathemis* (Figures 144 to 147)

The fairly small to medium-sized males (hindwing 24-34 mm) of these related genera have clear wings at emergence that become largely dark with maturity and are used to defend shaded pools against intruders (Figures 6 and 7). Some *Calophlebia* males remain clear-winged and were once thought to represent a second species (*C. interposita*). However, as both forms are found together and occasional males have only one wing pair marked, they must represent a single species.

Figure 144. Mâle de Bellaile *Calophlebia karschi*, Parc National de l'Isalo. Cette espèce est endémique de Madagascar où elle occupe de petites mares à l'ombre, généralement dans les lits des ruisseaux forestiers. La plupart des mâles matures ont un corps noir tacheté de jaune et les deux tiers extérieurs des ailes foncés. (Cliché par Dave Smallshire.) / **Figure 144.** Prettywing *Calophlebia karschi* male, Isalo National Park. Endemic to Madagascar where it inhabits small shaded pools, usually in forested streambeds. Most mature males have a yellow-spotted black body with dark outer two-thirds of the wings. (Photo by Dave Smallshire.)

Figure 145. Femelle de Bellaile *Calophlebia karschi*, Parc National de l'Isalo. La femelle et les mâles aux ailes transparentes diffèrent des espèces similaires de petite taille aux marques jaunes comme *Neodythemis* (et *Tetrathemis polleni* sans **pruinosité**) par des dessins différents sur le thorax et par une large marque jaune abdominale qui est placée plus proche de l'extrémité de l'abdomen sur S8 au lieu de S7. (Cliché par Michael Post.) / **Figure 145.** Prettywing *Calophlebia karschi* female, Isalo National Park. This sex and clear-winged males differ from similarly small and yellow-marked *Neodythemis* species (and *Tetrathemis polleni* without **pruinosity**) by the different thoracic pattern and the large yellow abdominal mark placed closer to the tail end, on S8 rather than S7. (Photo by Michael Post.)

Figure 146. Mâle d'Elfe domino *Tetrathemis polleni*, Parc National d'Analamazaotra. Cette espèce a été décrite pour la première fois à Madagascar mais elle se rencontre dans toute l'Afrique. Elle est moins liée aux forêts humides, préférant plutôt les mares des bois et les lisières de forêts (comme les trous d'irrigation boueux, les bassins ornementaux, les flaques à l'ombre des lits de rivière en train de s'assécher...). Les mâles se perchent bien en vue à proximité mais s'envolent dans les arbres dès qu'ils sont dérangés. Ils présentent des ailes extensivement noires et un corps à **pruinosité** entièrement bleu-gris à maturité. Leurs ailes antérieures ont seulement sept à 10 nervures transverses anténodales, contre 13-16 chez l'espèce généralement plus grande *Calophlebia karschi*. (Cliché par Harald Schütz.) / **Figure 146.** Black-splashed Elf *Tetrathemis polleni* male, Analamazaotra National Park. First described from Madagascar but also occurs across Africa. It is less linked to wet forest, favoring pools in woodland and forest edges, like muddy watering holes, ornamental ponds, and shaded puddles in drying streambeds. Males perch conspicuously nearby, but fly into trees when disturbed. They have largely dark wings and entirely blue-gray **pruinose** bodies with maturity. The forewing has only seven to 10 **antenodal cross-veins**, versus 13-16 in the generally larger *Calophlebia karschi*. (Photo by Harald Schütz.)

Figure 147. Femelle d'Elfe domino *Tetrathemis polleni*, Parc National d'Analamazaotra. (Cliché par Harald Schütz.) / **Figure 147.** Black-splashed Elf *Tetrathemis polleni* female, Analamazaotra National Park. (Photo by Harald Schütz.)

cette espèce et les autres espèces africaines pourraient représenter un genre séparé, *Neophlebia*.

Pelissules et Nutons — *Archaeophlebia* et *Malgassophlebia* (Figures 148 à 152)

Ces deux genres et le genre africain *Eleuthemis* sont étroitement associés ; tous habitent les ruisseaux et rivières. Leur nervation rappelle celles des trois genres précédents, sauf qu'il n'y a pas de nervure transverse dans le **supertriangle**, qui est la cellule allongée au-dessus du **triangle**. Chez le mâle, le long **hamule** en forme de crochet est caractéristique. Mises à part deux espèces endémiques de Madagascar d'où le genre a été décrit, au moins trois *Malgassophlebia* spp. se rencontrent en Afrique centrale. Les mâles de ce dernier genre volent bas et vite au-dessus de la surface de l'eau, tandis que les femelles attachent en vol leurs œufs aux matières végétales

Perhaps unmarked males mate sneakily with females when fighting territorial males are distracted, as is known for other Odonata. Females lay eggs on plants or sticks (or similar substrates) above the water surface, but while *Calophlebia* does so in flight, *Tetrathemis* is unlike most other libellulids in settling while doing so. The latter genus ranges from Australia across southern Asia to tropical Africa where eight of 14 recognized species occur. Only *T. polleni* develops dark wings and reaches Madagascar: it and the other African species may represent a separate genus, *Neophlebia*.

Furbelly and Leaftippers — *Archaeophlebia* and *Malgassophlebia* (Figures 148 to 152)

These two genera and the African *Eleuthemis* are closely related; all inhabit streams and rivers. Their venation recalls that of the three previous genera, but there is no cross-vein in the **supertriangle**, which is the long cell above the **triangle**. The male's long hook-like **hamule** is also characteristic. Aside from two endemic species on Madagascar, from where the genus was described, at least three *Malgassophlebia* spp. inhabit central Africa. Males of this genus dash low over the water, while females in flight attach their eggs to plant material above the water. *Eleuthemis* males vigorously defend leaves and branches submerged in fast-flowing water on which the females lay their eggs. Males of Malagasy species

émergées. Dans les courants rapides, les mâles d'*Eleuthemis* défendent vigoureusement les feuilles et branches submergées sur lesquelles les femelles pondent. Pour les espèces malgaches des deux genres, les mâles se perchent près de la surface de l'eau, alors que les femelles s'installent dans la végétation à proximité ; leur comportement de ponte demeure inconnu.

of both genera perch low above the water, but while females sit in vegetation nearby and their egg-laying behavior is unknown.

Figure 148. Mâle de Pelissule *Archaeophlebia martini*, Isalo. Cette espèce est de taille moyenne (avec des ailes postérieures de 28-32 mm). Elle est unique de par son abdomen avec des S8-10 largement jaunes et le dessous poilu. (Cliché par Netta Smith.) / **Figure 148.** Furbelly *Archaeophlebia martini* male, Isalo. Medium-sized (hindwing 28-32 mm) and unique based on the abdomen with extensively yellow S8-10 and hairy underside. (Photo by Netta Smith.)

Figure 149. Femelle de Pelissule *Archaeophlebia martini*, Parc National d'Analamazaotra. L'abdomen rougeâtre de la femelle est assez différent de celui du mâle ; mais les deux sexes partagent le « T » inversé noir caractéristique sur le **front**. (Cliché par Dave Smallshire.) / **Figure 149.** Furbelly *Archaeophlebia martini* female, Analamazaotra National Park. Reddish abdomen is rather different to the male, but both sexes share a diagnostic inverted black "T" on the **frons**. (Photo by Dave Smallshire.)

Figure 150. Mâle de Pelissule *Archaeophlebia martini*, Parc National de Ranomafana. La variation des marques thoraciques et abdominales (ces dernières variant d'une coloration orange avec des parties noires jusqu'à une coloration noire avec un peu de jaune) suggère une diversité d'espèces non encore décrites. (Cliché par Julien Renoult.) / **Figure 150.** Furbelly *Archaeophlebia martini* male, Ranomafana National Park. Variation in thoracic and abdominal markings (the latter ranging from largely orange with some black markings to black with some yellow) suggests undescribed species diversity. (Photo by Julien Renoult.)

Figure 151. Mâle de Nuton oriental *Malgassophlebia mediodentata*, Parc National de Mantadia. Les mâles se trouvent souvent regroupés le long des ruisseaux forestiers. L'espèce similaire, le Nuton septentrional *M. mayanga*, diffère par les détails des marques et des appendices mâles. Les deux espèces sont des libellules noires d'assez petite taille (avec des ailes postérieures de 24-28 mm) présentant trois bandes (parfois discontinues) de couleur jaune sur chaque côté du thorax ainsi qu'environ six étroits anneaux jaunes sur l'abdomen. (Cliché par Callan Cohen.) / **Figure 151.** Eastern Leaftipper *Malgassophlebia mediodentata* male, Mantadia National Park. Males often sit close together along forest streams. The similar Northern Leaftipper *M. mayanga* differs in details of the markings and male appendages. Both are fairly small (hindwing 24-28 mm) black dragonflies with three (sometimes broken) yellow bands on each thorax side and about six narrow yellow rings on the abdomen. (Photo by Callan Cohen.)

Figure 152. Femelle de Nuton non identifié *Malgassophlebia* sp., Parc National de l'Isalo. L'abdomen des femelles a une forme similaire, tout en étant plus épais que celui des mâles. L'individu montré ici comporte beaucoup de jaune sur le thorax et pourrait représenter une nouvelle espèce. (Cliché par Erland Nielsen.) / **Figure 152.** Unidentified leaftipper *Malgassophlebia* sp. female, Isalo National Park. Females have a similarly shaped but thicker abdomen than males. The illustrated individual has much yellow on the thorax and might represent a new species. (Photo by Erland Nielsen.)

Korriganes — *Trithemis* et *Thalassothemis* (Figures 153 à 161)

Trithemis, avec au moins 42 espèces, se rencontre dans tous les habitats d'eau douce d'Afrique, des mares dans les déserts jusqu'aux ruisseaux des forêts pluviales. Deux autres espèces sont endémiques de Madagascar, une autre de Mayotte et quatre autres d'Asie. Les mâles de la plupart des *Trithemis* spp. de Madagascar, y compris les endémiques malgaches, sont surtout rouges à maturité, apparaissant même violets avec la **pruinosité**, avec des taches alaires d'une couleur orange vif et/ou marron. Ces espèces rouges sont faciles à observer dans les eaux ouvertes stagnantes ou à écoulement lent. Chez les femelles, les korriganes ne présentent pas d'aussi vives couleurs ; mais leurs marques noires rappellent celles des mâles de leurs espèces respectives.

Presque 80 % des espèces d'Afrique continentale sont typiquement

Dropwings — *Trithemis* and *Thalassothemis* (Figures 153 to 161)

Trithemis, with at least 42 species, is found in all freshwater habitats in Africa, from desert pools to rainforest streams. Two other species are endemic to Madagascar, one to Mayotte, and four to Asia. Males of most Malagasy *Trithemis* spp., including the endemics, are largely red with maturity, appearing violet if **pruinose**, with striking orange and/or brown wing patches. These red species are conspicuous at open and typically standing or slow-moving waters. Female dropwings lack such bright colors, but their black markings recall those of the males of their respective species.

Almost 80% of the African mainland species are largely dark, often (partly) blue or black **pruinose** with maturity, usually with reduced wings markings. However, only three of the most widespread African species have been listed for Madagascar and only the

sombres, souvent avec une **pruinosité** (partielle) bleue ou noire à maturité, généralement avec des marques réduites sur les ailes. Seulement trois des espèces africaines les plus répandues ont été listées à Madagascar et seule la présence de la Korrigane sorcière *T. hecate*, a été confirmée. La Korrigane guerrière *T. furva* préfère les ruisseaux froids, généralement assez ouverts, surtout dans les Hautes Terres centrales. Le mâle mature a un corps plutôt large et est d'un bleu sombre uniforme. Par contre, la Korrigane désinvolte *T. stictica* se rencontre dans les mares et ruisseaux marécageux,

Figure 154. Femelle de Korrigane charmante *Trithemis selika*, Isalo. (Cliché par Allan Brandon.) / **Figure 154.** Magenta Dropwing *Trithemis selika* female, Isalo. (Photo by Allan Brandon.)

Figure 155. Mâle de Korrigane magicienne *Trithemis maia*, Mayotte, Comores. Elle a d'abord été décrite comme une sous-espèce de *T. selika* mais le mâle diffère par sa nervation entièrement noire, par les marques de taille réduite à la base de ses ailes postérieures et par la plus grande zone sombre métallique sur son front. De plus, *T. maia* se rencontre seulement dans les ruisseaux rapides rocailleux de Mayotte (bien qu'elle y soit plutôt commune) et est donc considérée comme une espèce Vulnérable. (Cliché par Alain Gauthier.) / **Figure 155.** Mayotte Dropwing *Trithemis maia* male, Mayotte, Comoros. Described as a subspecies of *T. selika* but the male differs by the wholly black venation, reduced markings at the hindwing base, and more extensive dark metallic area on the frons. Moreover, it is found only (although quite commonly) on rapid rocky streams on Mayotte and is therefore considered Vulnerable. (Photo by Alain Gauthier.)

Figure 153. Mâle de Korrigane charmante *Trithemis selika*, Andamasiny-Vineta. Cette espèce endémique est la plus commune du genre à Madagascar. Elle apparaît dans presque toutes les étendues d'eau courante ou stagnante bien exposées. Le mâle mature, avec son abdomen d'un rouge-rosé brillant et ses S8-10 largement noirs, ne peut être confondu qu'avec *T. persephone* et *T. annulata*. (Cliché par Erland Nielsen.) / **Figure 153.** Magenta Dropwing *Trithemis selika* male, Andamasiny-Vineta. This endemic is the most common species of the genus on Madagascar, appearing at almost any exposed standing or flowing water body. The mature male with its bright pink-red abdomen with largely black S8-10 can only be confused with *T. persephone* and *T. annulata*. (Photo by Erland Nielsen.)

souvent en hautes altitudes. Le mâle mature se distingue par son **front** d'un bleu métallique, par son thorax à **pruinosité** bleu pâle et par son abdomen grêle noir strié de jaune. L'unique espèce de *Thalassothemis* est endémique de Maurice mais les données génétiques suggèrent qu'elle pourrait être transférée dans le genre *Trithemis*. Sur la base de sa nervation, *Thalassothemis* se distingue par une **nervure transverse anténodale** distale complète (au lieu d'être incomplète) sur les ailes postérieures, par deux nervures transverses dans l'**espace cubital** et une seule dans le **triangle** des ailes antérieures (au lien d'en avoir une et

presence of the Silhouette Dropwing *T. hecate* is confirmed. The Navy Dropwing *T. furva* prefers cool and often rather open streams, mostly in the Central Highlands. The mature male is uniformly dark blue and rather broad-bodied. The Jaunty Dropwing *T. stictica* occurs at open marshy streams and ponds, also often at higher elevations. The mature male is unique by its blue metallic **frons**, pale blue **pruinose** thorax, and slender yellow-streaked black abdomen.

The only species of *Thalassothemis* is endemic to Mauritius, but genetic data suggest the genus may have to be subsumed in *Trithemis*. Based on

Figure 156. Mâle de Korrigane enchanteresse *Trithemis persephone*, Parc National de la Montagne d'Ambre. Espèce endémique de Madagascar mais moins répandue que *T. selika*, elle préfère les cours d'eau plus abrités. Leurs mâles matures sont similaires quoique ceux de *T. persephone* soient d'un rose un peu plus pâle. De plus, leur S8 n'a pas de noir sur la carène latérale mais porte à la place un point pâle qui est plus large que le point pâle dorsal (et qui en est typiquement séparé). Les stries sombres à la base jaune des ailes postérieures sont plus contrastées et sont bien développées dans l'**espace subcostal**. L'espèce s'identifie plus sûrement en main, en se référant aux deux protubérances orange à l'extrémité de la **lame antérieure** à l'avant du **hamule** qui est plus allongé. (Cliché par Martin Mandak.) / **Figure 156.** Pink Dropwing *Trithemis persephone* male, Montagne d'Ambre National Park. Less widespread endemic on Madagascar than *T. selika*, preferring streams that are more sheltered. Mature males are similar, but appear paler pink in direct comparison. S8 is not black on its lateral carina, instead bearing a pale spot that is larger than (and typically separate from) the dorsal pale spot. The dark streaks in the yellow hindwing base contrast more, being well developed in the **subcostal space**. The species is most reliably identified in the hand, having two orange knobs on the tip of the **anterior lamina** in front of the more drawn-out **hamule**. (Photo by Martin Mandak.)

zéro, respectivement), ainsi que par une seule rangée de cellules (et non pas deux) dans le **plan radial** de toutes les ailes. Cependant, les deux genres sont similaires de par leur taille moyenne (avec des ailes postérieures de 21-35 mm) et par la combinaison des caractères suivants : un petit **lobe thoracique postérieur**, un **champ discoïdal** à extrémité étroite sur les ailes antérieures, ainsi qu'un **genitalia secondaire** distinct avec une haute **lame antérieure** et un crochet apical proéminent du **hamule** (combinaison de caractères ne se rencontrant que chez *Zygonyx*).

venation, however, *Thalassothemis* is very distinct with a complete rather than incomplete distal **antenodal cross-vein** in the forewings, two cross-veins in the **cubital space** and one in the **triangle** of the hindwing (not one and zero), and one cell-row in the **radial planates** of all wings (not two). However, both genera are of similar moderate size (hindwing 21-35 mm) and share the combination (found otherwise only in *Zygonyx*) of a small **prothoracic hindlobe**, terminally narrow **discoidal field** in the forewing, and distinctive **secondary genitalia** with a high **anterior lamina** and large prominently apical hook of the **hamule**.

Figure 157. Mâle de Korrigane fée *Trithemis annulata*, Maroantsetra. Commune dans les étendues d'eau exposées d'Afrique (et dans la partie adjacente de l'Eurasie), cette espèce, qui est la seule à être rouge à Maurice et à La Réunion, semble plus rare comparée aux espèces similaires de Madagascar où elle est probablement confinée aux côtes. L'espèce est absente des Comores. Autrefois considérés comme étant *T. haematina*, les individus des populations **insulaires** sont relativement grands et sombres. Les mâles matures diffèrent de ceux de *T. selika* et de *T. persephone* par leurs **ptérostigmas** rouges au lieu d'être noirâtres, par la base des ailes postérieures d'un jaune plus uniforme et sans stries sombres contrastées, ainsi que par moins de noir sur S8-10. (Cliché par Callan Cohen.) /
Figure 157. Violet Dropwing *Trithemis annulata* male, Maroantsetra. While common at exposed water bodies in Africa (and adjacent Eurasia) and the only red species on Mauritius and La Réunion, it seems scarcer than similar species on Madagascar, possibly confined to the coasts; absent from the Comoros. Once treated as the species *T. haematina*, the **insular** populations are relatively large and dark. Mature males differ from *T. selika* and *T. persephone* by the red rather than blackish **pterostigmas**, the more uniformly yellow hindwing base that lacks contrasting dark streaks, and less black on S8-10. (Photo by Callan Cohen.)

Figure 158. Mâle de Korrigane infernale *Trithemis kirbyi*, Andamasiny-Vineta. Cette espèce préfère les ruisseaux ensoleillés et les mares à fond rocheux. Alors que les mâles matures des Comores (trouvés sur les quatre îles principales) présentent des **ptérostigmas** noirs comme ceux d'Afrique et de la partie adjacente d'Eurasie, ceux de Madagascar ont les leurs rouges, sans tenir compte de la couleur du corps, aussi sombre soit-elle. Cela suggère qu'il pourrait s'agir d'un **taxon** différent. Les mâles se reconnaissent facilement à leur corps rouge-orangé et aux bases extensivement orange de leurs ailes. (Cliché par Michael Post.) / **Figure 158.** Orange-winged Dropwing *Trithemis kirbyi* male, Andamasiny-Vineta. Favors sunny streams and pools with rocky beds. While mature males from the Comoros (found on all four of the main islands) have black **pterostigmas** like those from Africa and adjacent Eurasia, those from Madagascar have these red regardless of how dark their body is, suggesting a distinct **taxon** is involved. Males are easily recognized by their orange-red body and extensively orange wing bases. (Photo by Michael Post.)

Figure 159. Mâle de Korrigane diablotine *Trithemis arteriosa*, Afrique du Sud. Cette espèce se rencontre dans presque toutes les étendues d'eau ouvertes d'Afrique. C'est l'espèce rouge qui domine aux Comores, quoique sa présence à Grande Comore n'ait jamais été reportée. Sa présence à Madagascar n'a pas encore été confirmée non plus. L'espèce est plus grêle et plus rouge (car sans **pruinosité**) que les autres espèces. Par ailleurs, elle présente plus de noir sur les côtés de l'abdomen. (Cliché par Erland Nielsen.) / **Figure 159.** Red-veined Dropwing *Trithemis arteriosa* male, South Africa. Occurs at almost any open water in Africa and is the dominant red species on the Comoros, although not recorded from Grande Comore, but its presence on Madagascar has not been confirmed. It is redder (lacking **pruinosity**) and sleeker than other species, with more black along the sides of the abdomen. (Photo by Erland Nielsen.)

Figure 160. Mâle de Korrigane sorcière *Trithemis hecate*, Parc National de Ranomafana. Dans le genre, c'est la seule espèce de couleur sombre confirmée à Madagascar et à Mayotte où elle pullule dans les mares et marais souvent saisonniers et exposés. Les mâles minces et d'une couleur bleu sombre font penser à des miniatures de *Orthetrum trinacria* qui occupent le même environnement. (Cliché par Allan Brandon.) / **Figure 160.** Silhouette Dropwing *Trithemis hecate* male, Ranomafana National Park. Only dark species of the genus confirmed on Madagascar and Mayotte, being numerous at exposed and often seasonal ponds and marshes. The slender dark blue males recall miniature *Orthetrum trinacria*, which inhabits the same environment. (Photo by Allan Brandon.)

Figure 161. Mâle de Korrigane de Maurice *Thalassothemis marchali*, Maurice. L'espèce se rencontre dans les cours d'eau rocheux et se distingue des autres libellules de Maurice par sa stature plus gracile et par ses marques caractéristiques noires et jaunes (voir le texte sur la nervation du genre). Seulement connue dans quatre sites, l'espèce est considérée En danger. (Cliché par Andrew Skinner.) / **Figure 161.** Mauritius Dropwing *Thalassothemis marchali* male, Mauritius. Occurs at rocky streams and is separated from similar dragonflies on Mauritius by its slender stature and distinctive black and yellow markings (see venation features in genus text). Only known from four sites and considered Endangered. (Photo by Andrew Skinner.)

Achéronnes et Tarasques — *Zygonoides* et *Olpogastra* (Figures 162 à 164)

Chez les *Zygonoides* spp., trois espèces d'Afrique continentale et une espèce malgache ont été auparavant classées parmi les *Olpogastra* ; mais ce dernier est devenu un genre monotypique plus proche de *Celebothemis* de Sulawesi. Tous les genres et espèces mentionnées ci-dessus sont apparentés à *Zygonyx* et peuvent être observés patrouillant agressivement au-dessus des cours d'eau rapides. Cependant,

Riverkings and Bottletails — *Zygonoides* and *Olpogastra* (Figures 162 to 164)

Three continental African and one Malagasy *Zygonoides* spp. were previously placed in *Olpogastra*, but the latter is a **monotypic** genus closest to *Celebothemis* from Sulawesi. All aforementioned genera and species are related to *Zygonyx* and patrol aggressively over faster-flowing water, but perch frequently and with raised abdomen, rather than hanging. Also their large size (hindwing 34-42 mm) and forewing venation recall *Zygonyx* with 11½-17½ **antenodal crossveins**, **triangles** of two to three cells, and **subtriangles** of three to six cells. However, the eyes are green (rather than brown to blue) and all wings have two cell-rows in the **radial planate**.

Figure 162. Mâle d'Achéronne malgache *Zygonoides lachesis*, Andamasiny-Vineta. Reconnaissable par ses habitats rivulaires, cette espèce de grande taille a un corps robuste, des yeux verts et un abdomen élargi à l'apex. Ce dernier présente en S7 un point très distinct de couleur jaune qui se couvre d'une **pruinosité** grise à maturité. (Cliché par Erland Nielsen.) / **Figure 162.** Madagascar Riverking *Zygonoides lachesis* male, Andamasiny-Vineta. Recognized by its riverside habit, robust build, large size, green eyes, and clubbed abdomen. The latter has a distinct yellow spot on S7 but becomes gray **pruinose** with maturity. (Photo by Erland Nielsen.)

Figure 163. Femelle d'Achéronne malgache *Zygonoides lachesis*, Andamasiny-Vineta. La femelle sur le cliché vient juste de s'accoupler (Figure 11) et est en train d'expulser ses œufs avant de les déposer dans l'eau. (Cliché par Erland Nielsen.) / **Figure 163.** Madagascar Riverking *Zygonoides lachesis* female, Andamasiny-Vineta. The pictured female has just mated (Figure 11) and is pressing out eggs before releasing them in the water. (Photo by Erland Nielsen.)

ils se perchent fréquemment avec l'abdomen surélevé au lieu d'être suspendus. La grande taille de ces genres (avec des ailes postérieures de 34-42 mm) et la nervation de leurs ailes rappellent Zygonyx avec 11½-17½ **nervures transverses anténodales**, des **triangles** de deux à trois cellules, ainsi que des **subtriangles** de trois à six cellules. Leurs yeux sont verts (au lieu de varier de marron à bleu) et, sur toutes leurs ailes, le **plan radial** est composé de deux rangées de cellules.

Cascatelles — Zygonyx (Figures 165 à 170)

Ce genre comporte au moins 17 espèces **afrotropicales** et environ cinq espèces asiatiques. Toutes préfèrent les courants rapides et se rencontrent souvent en train de voltiger au-dessus des rapides et des cascades. Aucune photo de Cascatelle ébène Z. *luctifer* (parfois inexactement écrit *luctifera*) n'est disponible ; néanmoins, c'est la seule espèce pouvant se trouver le long des cours d'eau forestiers des trois grandes îles granitiques (Mahé, Praslin et Silhouette), ainsi que sur la petite île de Sainte Anne, au large de Mahé. Alors que l'espèce pourrait être menacée, elle est actuellement considérée comme espèce à Données insuffisantes.

Contrairement à la plupart des libellulides, tous les Zygonyx ne se reposent que rarement au bord de l'eau. Ils se perchent en une position pendante et présentent des **griffes tarsales** généralement bifides (chez les autres genres, le crochet postérieur atteint au maximum le quart de la taille du crochet antérieur). Les Zygonyx

Figure 164. Mâle de Tarasque *Olpogastra lugubris*, Libéria. Cette espèce d'Afrique tropicale et de Madagascar est impossible à confondre avec une autre à cause de sa grande taille, de son abdomen allongé à base bulbeuse, de son corps noir luisant à points jaune vif et de son **lobe génital** en forme de faucille. Les mâles se perchent le long des ruisseaux et rivières ouverts et sont particulièrement agressifs envers les autres libellules. (Cliché par K.-D. B. Dijkstra.) / **Figure 164.** Bottletail *Olpogastra lugubris* male, Liberia. This species from tropical Africa and Madagascar is unmistakable by its large size, very drawn-out abdomen with bulbous base, glossy black body with bold yellow spots, and sickle-shaped **genital lobe**. Males perch along open streams and rivers, and are very aggressive towards other dragonflies. (Photo by K.-D. B. Dijkstra.)

Cascaders — Zygonyx (Figures 165 to 170)

The genus includes at least 17 **Afrotropical** and about five Asian species. All prefer fast-flowing water, often hovering above rapids and waterfalls. No photos of the Seychelles Cascader *Z. luctifer* (also written erroneously as *luctifera*) are available, but it is the only species along forest streams on the three largest granitic islands (Mahé, Praslin, and Silhouette), as well as the small island of Sainte Anne off Mahé. While

ont une nervation typique de libellulide avec, sur les ailes antérieures, 9½-12½ **nervures transverses anténodales** et des **champs discoïdaux** rétrécis à leurs extrémités. Par ailleurs, malgré leur grande taille (avec des ailes postérieures de 31-45 mm), ils ne présentent généralement qu'une seule rangée de cellules dans leurs **plans radiaux**.

it may be under threat, currently it is classified as Data Deficient.

Unlike most libellulids, all *Zygonyx* rarely rest by the waterside, perching in a hanging position, with usually double-hooked **tarsal claws**; in other genera, the posterior hook is at most a quarter the size of the anterior hook. They have typical libellulid venation with 9½-12½ **antenodal cross-veins** and terminally narrowing **discoidal fields** in the forewings, but usually only one cell-row in the **radial planates** despite their large size (hindwing 31-45 mm).

Figure 165. Mâle de Cascatelle étoilée *Zygonyx elisabethae*, Mandraka. Au sein du genre, c'est l'espèce la plus commune à Madagascar, surtout dans les rivières et ruisseaux ouverts. Il s'agit peut-être de la même espèce que la Cascatelle poudrée *Z. natalensis* d'Afrique, les mâles des deux espèces étant similaires avec une taille intermédiaire et une **pruinosité** bleu-gris sur le thorax ainsi que sur S1-3 et S7-8, à maturité. (Cliché par Dennis Paulson.) / **Figure 165.** Madagascar Cascader *Zygonyx elisabethae* male, Mandraka. Most common species of the genus on Madagascar, found at most open rivers or streams. May be the same species as the Blue Cascader *Z. natalensis* from Africa, males being of similar intermediate size with blue-gray **pruinosity** on thorax, S1-3 and S7-8 with maturity. (Photo by Dennis Paulson.)

Figure 166. Mâle de Cascatelle constellée *Zygonyx sp.*, Mayotte, Comores. Les individus issus d'Anjouan, de Mohéli et de Mayotte sont morphologiquement similaires à *Z. elisabethae*, sauf qu'ils sont plus petits et qu'ils semblent présenter une **pruinosité** uniquement sur le devant du thorax et sur S7. Ces individus représentent probablement un taxon distinct et endémique des Comores. (Cliché par Alain Gauthier.) / **Figure 166.** Comoro Cascader *Zygonyx* sp. male, Mayotte, Comoros. Individuals from Anjouan, Mohéli, and Mayotte are morphologically similar to *Z. elisabethae* but much smaller, and appear to become **pruinose** only on the front of the thorax and S7. They probably represent a distinct **taxon** endemic to the Comoros. (Photo by Alain Gauthier.)

Figure 167. Mâle de Cascatelle neigeuse *Zygonyx ranavalonae*, Parc National de Mantadia. Cette espèce semble se limiter aux forêts de l'Est de Madagascar ; préférant probablement les petits cours d'eau (en géneral bien exposés). Elle est nettement plus petite que *Z. elisabethae* et présente de petites taches latérales jaunes sur S5-8, ainsi qu'une **pruinosité** blanche limitée au thorax et aux S1-3 chez les mâles matures. (Cliché par Allan Brandon.) / **Figure 167.** Mealy Cascader *Zygonyx ranavalonae* male, Mantadia National Park. Seems restricted to the eastern forests of Madagascar, perhaps favoring smaller (but usually also exposed) running water. It is distinctly smaller than *Z. elisabethae* with small yellow lateral spots on S5-8 and white **pruinosity** in mature males confined to the thorax and S1-3. (Photo by Allan Brandon.)

Figure 168. Mâle de Cascatelle annelée *Zygonyx torridus*, La Réunion. Cette espèce est largement répandue en Afrique et dans la partie adjacente d'Eurasie. Elle se rencontre même dans les cours d'eau temporaires des zones arides. L'espèce est présente à Anjouan, Mayotte, Maurice et La Réunion mais apparemment pas à Madagascar. Ceci dit, l'**holotype** endommagé de *Z. hova* de Madagascar pourrait être la même espèce ; les deux ayant six à sept anneaux de couleur chamois sur l'abdomen. En fait, *Z. hova* a été décrit en 1842, soit presque cinq décennies avant *Z. torridus*. Il est alors nécessaire d'identifier quelle espèce existe vraiment sur Madagascar et de déterminer si *Z. torridus* est un synonyme de *Z. hova*. (Cliché par Michel Yerokine.) / **Figure 168.** Ringed Cascader *Zygonyx torridus* male, La Réunion. Occurs widely in Africa and adjacent Eurasia, even in temporary flowing waters of drier areas. It is present on Anjouan, Mayotte, Mauritius, and La Réunion, but apparently not on Madagascar. However, the damaged male **holotype** of *Z. hova* from Madagascar may be the same species, as both have six to seven conspicuous buff rings on the abdomen. The latter was described in 1842, almost five decades before *Z. torridus*, and therefore it must be determined which species occurs on Madagascar and whether *Z. torridus* is a synonym of *Z. hova*. (Photo by Michel Yerokine.)

Figure 169. Mâle de Cascatelle ténébreuse *Zygonyx viridescens*, Parc National de Ranomafana. Cette espèce est confinée aux forêts de l'Est de Madagascar. Elle rappelle *Z. elisabethae* mais sans **pruinosité**. Elle est nettement plus grande, avec un corps sombre contrastant avec des yeux d'un bleu profond. Les marques noires à la base des ailes sont étendues. Les mâles ont un **hamule** avec un mince crochet incurvé. (Cliché par Michael Post.) / **Figure 169.** Dark Cascader *Zygonyx viridescens* male, Ranomafana National Park. Confined to the eastern forests of Madagascar. Recalls *Z. elisabethae* without **pruinosity** but is distinctly larger, the dark body contrasts with the deep blue eyes, the black markings at the wing bases are extensive, and males have a slender curved hook on the **hamule**. (Photo by Michael Post.)

Figure 170. Femelle de Cascatelle ténébreuse *Zygonyx viridescens*, Parc National de Ranomafana. Ce sexe présente des marques particulièrement étendues sur les ailes. (Cliché par Erland Nielsen.) / **Figure 170.** Dark Cascader *Zygonyx viridescens* female, Ranomafana National Park. This sex has especially extensive wing markings. (Photo by Erland Nielsen.)

Pantales et Planeurs — *Pantala* et *Tramea* (Figures 171 à 174)

Bien qu'ils ne soient pas vraiment affiliés, ces deux genres sont notablement similaires, étant adaptés à profiter des habitats temporaires créés par les pluies saisonnières. Un nombre remarquable d'individus peuvent s'observer en mouvement pendant la saison sèche, pullulant autour d'arbres à l'approche de la pluie, ou patrouillant autour des flaques d'eau et des marais saisonniers ou encore au-dessus des piscines et des toits luisants des voitures. Ces espèces tendent à planer et à voltiger ; restant au repos bien moins

Gliders — *Pantala* and *Tramea* (Figures 171 to 174)

These genera are not closely related but remarkably similar, adapted to profit from the temporary habitats provided by seasonal rains. Remarkable numbers can be found on the move in the dry season, swarming together around trees at the onset of rains, and patrolling over seasonal puddles and marshes, as well as swimming pools and shiny car roofs. They tend to glide and hover, resting less than most libellulids and in sheltered places with a hanging posture. *Tramea* spp. also sit at the end of exposed stakes, with the wings raised and abdomen either up or pressed down.

Best adapted to seasonal conditions is *P. flavescens*, completing its life cycle in one month. Swarms leave India each year in September, reaching the Maldives in October, the Seychelles in November, and Aldabra (recorded also on Assumption and Glorieuse) in December; they may also cross the ocean directly from India to Africa, possibly in only four days. This generation subsequently reproduces during the southern monsoons, but

Figure 171. Mâle de Pantale globe-trotter *Pantala flavescens*, Antananarivo. D'une couleur sable à l'émergence, les mâles deviennent orange, voire rouge sur le dessus de l'abdomen. Les bases des ailes postérieures sont, au plus, d'un jaune délavé tandis que les extrémités de ces ailes sont souvent assombries. (Cliché par K.-D. B. Dijkstra.) / **Figure 171.** Wandering Glider *Pantala flavescens* male, Antananarivo. Sand-colored at emergence, males become orange and even red dorsally on the abdomen. The hindwing bases are at most washed yellow; the tips are often darkened. (Photo by K.-D. B. Dijkstra.)

Figure 172. Mâle de Pantale globe-trotter *Pantala flavescens*, Gambie. (Cliché par Paul Cools.) / **Figure 172.** Wandering Glider *Pantala flavescens* male, Gambia. (Photo by Paul Cools.)

que la plupart des libellulides en se suspendant dans des endroits abrités. *Tramea* spp. se posent en outre aux extrémités des perchoirs exposés en tenant les ailes dressées et l'abdomen relevé ou rabaissé.

L'espèce la mieux adaptée aux conditions saisonnières est *P. flavescens* qui complète son cycle de vie en un mois. Chaque année, les essaims quittent l'Inde en septembre, atteignent les Maldives en octobre, les Seychelles en novembre et Aldabra en décembre (avec des observations notées aussi à Assumption et à Glorieuse). Ils peuvent aussi traverser l'océan, allant directement de l'Inde en Afrique, en à peine quatre jours peut-être. Cette génération se reproduit alors pendant la mousson australe mais le trajet suivi par leurs descendants pour revenir en Inde au mois de mai est inconnu. Cette mobilité extrême fait de ces Globe-trotters (comme ils sont aussi appelés) les odonates les plus répandus du monde, étant absents uniquement de l'Antarctique et de l'Europe. Par ailleurs, une seconde espèce, *Pantala* sp., se limite au Nouveau Monde.

Les *Tramea* (aussi appelés « sacoches » dans le Nouveau Monde à cause des taches marquées sur leurs ailes postérieures) sont quasiment cosmopolites, avec environ 20 espèces, dont seulement deux se rencontrent en Afrique et dans la **Région malgache**. Ces deux espèces se rencontrent aussi en Asie mais là-bas, elles ont des anneaux terminaux noirs en S3-7 ; ce qui pourrait aider à déterminer l'origine des individus aperçus dans les îles plus reculées de l'océan Indien.

Les espèces des deux genres sont de grande taille (avec des their offspring's route back to India in May, during the northern monsoons, is unclear. This extreme mobility makes the Globe Skimmer (as it is also known) the world's most widespread odonate, absent only from Antarctica

Figure 173. Mâle de Planeur trou-de-serrure *Tramea basilaris*, Isalo. S'étendant de l'Afrique jusqu'aux Comores, Aldabra (ainsi que Assumption et Glorieuse), Madagascar, La Réunion, Maurice et Rodrigues, l'espèce se rencontre également en Asie tropicale. La base des ailes postérieures présente une tache double d'un marron sombre (ayant parfois la forme d'un trou de serrure ou fusionnant en un croissant irrégulier) entourée par une zone jaune ; la marque atteint généralement le **triangle**. Le haut du **front** est pâle, parfois avec une touche de rouge métallique contrastant avec la bande sombre à la base. Les **cercoïdes** des mâles sont légèrement plus longs que S9-10. (Cliché par Netta Smith.) / **Figure 173.** Keyhole Glider *Tramea basilaris* male, Isalo. Extends from Africa to the Comoros, Aldabra (also Assumption and Glorieuse), Madagascar, La Réunion, Mauritius, and Rodrigues, and also occurs in tropical Asia. The hindwing base has a double dark brown patch (sometimes shaped like a keyhole or merged into an irregular crescent) enclosed by a yellow area; the markings usually enter the **triangle**. The top of the **frons** is pale, sometimes washed red metallic, with a contrasting dark basal band. The male **cerci** are slightly longer than S9-10. (Photo by Netta Smith.)

Figure 174. Mâle de Planeur élancé *Tramea limbata*, Antananarivo. L'espèce a une distribution similaire à celle de *T. basilaris* mais elle se rencontre aussi aux Seychelles. Quant à l'Afrique, elle y est plus commune le long des côtes. La base des ailes postérieures de *T. limbata* présente une bande rectiligne d'un marron-rouge profond (parfois creusée à la base en un croissant, surtout chez les femelles) avec, tout au plus, une trace de jaune ; l'ensemble de ce motif pénétrant rarement dans le **triangle**. Le sommet du **front** est d'un violet métallique. Les **cercoïdes** des mâles sont aussi longs que S8-10. (Cliché par Netta Smith.) / **Figure 174.** Ferruginous Glider *Tramea limbata* male, Antananarivo. Has a similar distribution as *T. basilaris* but also occurs on the Seychelles, and in Africa is more common along the coast. The hindwing base of *T. limbata* has a straight deep red-brown band (sometimes excavated basally into a crescent, especially in females) with at most a trace of yellow, seldom entering the **triangle**. The top of the **frons** is metallic purple. The male **cerci** are about as long as S8-10. (Photo by Netta Smith.)

ailes postérieures de 35-43 mm). Ce sont des libellules d'un marron jaunâtre à rouge, se distinguant le plus facilement par les marques sur les bases élargies de leurs ailes postérieures pointues. Les **ptérostigmas** sont remarquablement petits, et distinctement plus petits sur les ailes postérieures. Les **triangles** des ailes antérieures pointent grossièrement vers la fourche radiale des ailes postérieures. Le **subtriangle** de l'aile antérieure n'est pas clairement fermé dans sa partie proximale, semblant inclure quatre à sept cellules (rarement trois). Et pour l'aile antérieure, le **champ anal** est composé de trois rangés de cellules au niveau de l'**arculus**.

and most of Europe. A second *Pantala* sp. is restricted to the New World.

Tramea (called "saddlebags" in the New World for the bold markings in their hindwings) is nearly cosmopolitan with about 20 species, but only two occur in Africa and the **Malagasy Region**. Both these species also occur in Asia but there have black terminal rings on S3-7, which might help determine the origin of individuals seen on the remoter Indian Ocean islands.

The species of both genera are large (hindwing 35-43 mm) yellowish brown to red dragonflies separated most easily by the markings in the broad bases of their pointed hindwings. The **pterostigmas** are notably small and

Feux follets et Lézardeurs — *Urothemis*, *Macrodiplax* et *Aethriamanta* (Figures 175 à 179)

Environ 18 espèces forment ce complexe de genres qui est largement confiné aux eaux stagnantes et ouvertes de l'Ancien Monde. Les Lézardeurs de grande taille (*Urothemis*) et de petite taille (*Aethriamanta*) occupent surtout les marais tropicaux de l'Australie, traversant l'Asie jusqu'en Afrique. Trois espèces de Lézardeurs (appartenant au genre *Macrodiplax* et au genre étroitement affilié *Selysiothemis*) tolèrent les eaux saumâtres et se rencontrent principalement dans les zones arides et côtières. Les espèces de la **Région malgache** ont une **pruinosité** d'un bleu vif ou ressemblent à des libellules rouges qui, au repos, prennent une position de « fanion » au sommet d'un perchoir bien visible, avec les pattes poussées vers l'avant et les ailes dressées. Cette posture se voit également chez d'autres libellulides aux ailes marquées comme *Rhyothemis*, *Tramea* et certains *Trithemis*.

Toutes les espèces ont une nervation particulièrement ouverte. Sur les ailes antérieures, les secteurs de l'**arculus** sont rarement fusionnés à leur base et il y a seulement six à huit (rarement neuf) **nervures transverses anténodales** dont la plus distale est complète (continue de part et d'autre de la **subcosta**). De plus, le **champ discoïdal** ne renferme que deux rangées de cellules à sa base, tandis que les **triangles** n'ont qu'une cellule. Les femelles des Lézardeurs et des Feux follets sont marron pâle ; mais elles peuvent se reconnaître par leurs marques et par leurs nervations.

distinctly smaller in the hindwings. The forewing **triangles** point roughly to the radial fork in the hindwing, the forewing **subtriangle** is not clearly closed proximally, appearing to include four to seven cells (rarely only three), and the forewing **anal field** at the **arculus** is of three cell-rows.

Baskers and Pennants — *Urothemis*, *Macrodiplax*, and *Aethriamanta* (Figures 175 to 179)

About 18 species form this complex of genera, which are confined largely to warm and open standing waters in the Old World. The large (*Urothemis*) and small (*Aethriamanta*) baskers mostly inhabit tropical marsh from Australia across Asia to Africa. Three species of pennants (*Macrodiplax* and the closely related genus *Selysiothemis*) tolerate brackish water and are found mainly in arid and coastal sites. The species in the **Malagasy Region** are bright blue **pruinose** or red dragonflies that rest in a "pennant" position at the tip of a conspicuous perch with the legs thrust forward and wings raised. This posture is also seen in other marked-wing libellulids, such as *Rhyothemis*, *Tramea*, and some *Trithemis*.

All species have notably open wing venation. In the forewing, the sectors of the **arculus** are rarely fused at their base, there are only six to eight (rarely nine) **antenodal cross-veins** of which the distal one is complete (extending across the **subcosta**), the **discoidal field** has only two cell-rows at its base, and the **triangles** have only one cell. Females of pennants and baskers are pale brown, but may be recognized by their markings and venation.

Figure 175. Mâle de Lézardeur prune *Urothemis edwardsii*, Maroantsetra. Cette espèce commune dans les mares et marais ouverts à travers toute l'Afrique, s'étend jusqu'à Madagascar et Mayotte et a récemment été découverte à La Réunion. A maturité, le mâle présente un abdomen, et souvent aussi un thorax, à **pruinosité** d'un bleu sombre. Le **front** varie du marron au noir. Souvent, la tache sombre à la base des ailes postérieures ne pénètre pas le **triangle**. (Cliché par Callan Cohen.) / **Figure 175.** Blue Basker *Urothemis edwardsii* male, Maroantsetra. Common at open marshes and ponds throughout Africa, extending to Madagascar and Mayotte, and recently discovered on La Réunion. The male has the abdomen and often thorax dark blue **pruinose** with maturity. The **frons** is brown to black. The dark patch at the hindwing base often does not enter the **triangle**. (Photo by Callan Cohen.)

Figure 176. Mâle de Lézardeur rouge *Urothemis assignata*, Mayotte, Comores. Cette espèce a un habitat et une aire de répartition similaires à ceux d'*U. edwardsii*. Le mâle a l'abdomen, le thorax et le **front** rouges à maturité. La tache à la base des ailes postérieures pénètre généralement le **triangle**. Les individus malgaches ont souvent de larges marques à la base des ailes antérieures, rappelant *U. luciana* d'Afrique continentale. Comme cette dernière espèce se rencontre sporadiquement le long des côtes du Mozambique et du KwaZulu-Natal, il est possible que les populations présentes des deux côtés du Canal du Mozambique soient affiliées. (Cliché par Alain Gauthier.) / **Figure 176.** Red Basker *Urothemis assignata* male, Mayotte, Comoros. Similar habitat and range to *U. edwardsii*. The male has the abdomen, thorax, and **frons** red with maturity. The basal hindwing patch usually enters the **triangle**. Malagasy individuals are often extensively marked at the forewing base, recalling *U. luciana* from the African mainland. As that species occurs sporadically in coastal Mozambique and KwaZulu-Natal, perhaps populations across the Mozambique Channel are related. (Photo by Alain Gauthier.)

Figure 177. Mâle de Lézardeur migrateur *Macrodiplax cora*, Afrique du Sud. Cette espèce s'étend à partir du Pacifique Ouest avec des observations éparpillées à travers l'océan Indien, y compris à Madagascar, à Maurice et au KwaZulu-Natal. Le mâle mature ressemble superficiellement à *U. assignata* mais avec une ligne noire plus large s'étirant tout le long de l'abdomen. Il présente aussi des taches orange moins distinctes à la base des ailes postérieures ainsi que des **ptérostigmas** plus courts et plus sombres. Le **champ discoïdal** des ailes antérieures s'élargit au lieu de se resserrer dans sa partie distale. Le **hamule** des mâles est seulement aussi long que le **lobe génital**. (Cliché par Wil Leurs.) / **Figure 177.** Coastal Pennant Macrodiplax cora male, South Africa. Extends from the western Pacific, with scattered Indian Ocean island records, including Madagascar and Mauritius, to KwaZulu-Natal. The mature male is superficially like *U. assignata* but with a broader black line extending along the full length of the abdomen, less distinct orange patches at the hindwing bases, and shorter and darker pterostigmas. The forewing discoidal field widens rather than narrows distally and the male's hamule is only about as long as the genital lobe. (Photo by Wil Leurs.)

Figure 178. Femelle de Lézardeur migrateur *Macrodiplax cora*, Toliara. (Cliché par Dennis Paulson.) / **Figure 178.** Coastal Pennant *Macrodiplax cora* female, Toliara. (Photo by Dennis Paulson.)

Figure 179. Mâle de Feu follet *Aethriamanta rezia*, Libéria. L'espèce se rencontre à travers l'Afrique tropicale et à Madagascar ; plus précisément dans les zones de marais ouverts, surtout celles pourvues de plantes flottantes comme *Salvinia* et *Pistia*. La couleur rouge profonde des mâles matures avec une « échelle » noire sur S3-10 rappelle une version miniature de *M. cora* ou d'*U. assignata*. L'espèce est en effet plus petite (avec des ailes postérieures de 19-23 mm contre 29-36 mm chez les autres) avec normalement une seule cellule dans le **subtriangle** ainsi que six **nervures transverses anténodales** sur les ailes antérieures. La base des ailes postérieures de couleur ambrée accompagnée de stries sombres dans les **espaces subcostal** et **cubital** est caractéristique de l'espèce. (Cliché par K.-D. B. Dijkstra.) / **Figure 179.** Pygmy Basker *Aethriamanta rezia* male, Liberia. Occurs across tropical Africa and Madagascar, specifically in areas of open marsh and particularly those with floating plants such as *Salvinia* and *Pistia*. The deep red mature male with its black "ladder" on S3-10 recalls a miniature *M. cora* or *U. assignata* but is much smaller (hindwing 19-23 mm versus 29-36 mm) with normally only one cell in the **subtriangle** and six **antenodal cross-veins** in the forewings. The amber hindwing base with dark streaks in the **subcostal** and **cubital spaces** is diagnostic. (Photo by K.-D. B. Dijkstra.)

Revenants, Noctambules et Œil-de-taon — *Tholymis*, *Zyxomma* et *Parazyxomma* (Figures 180 à 182)

Ces genres étroitement affiliés semblent assez quelconques. Ils ont des yeux plus grands que ceux des autres libellulides, couvrant une distance supérieure à la longueur du **vertex**. L'extrémité de la **boucle anale** est interrompue par, ou touche à peine, le bord de l'aile (au lieu de ne pas l'atteindre). Une espèce de *Tholymis* est connue dans les tropiques du Nouveau et de l'Ancien Monde,

Twisters and Duskdarters — *Tholymis*, *Zyxomma*, and *Parazyxomma* (Figures 180 to 182)

These closely related genera are rather plain and have larger eyes than other libellulids, covering a distance greater than the length of the **vertex**, and the **anal loop**'s tip is cut off by, or just touches, the wing border (rather than falling short of it). One species of *Tholymis* is known in the New and Old World tropics, respectively. A single *Zyxomma* species is endemic

respectivement. Une seule espèce de *Zyxomma* est endémique d'Afrique continentale, tandis que cinq autres se rencontrent en Australasie tropicale jusqu'à certaines des îles de l'océan Indien. **Monotypique**, *Parazyxomma* est répandue en Afrique mais est aussi connue dans un site à Madagascar.

to continental Africa, while one of five occurring in tropical Australasia extends to some Indian Ocean islands.

Figure 180. Mâle de Revenant *Tholymis tillarga*, Réserve Naturelle d'Antanetiambo. L'espèce se rencontre à travers l'Asie et l'Afrique tropicales ainsi qu'à Madagascar, à Mayotte, à Maurice, à La Réunion et aux Seychelles. D'une assez grande taille (avec des ailes postérieures de 34-39 mm), le mâle est entièrement brun pâle, virant au rouge à maturité. Les marques des ailes postérieures sont caractéristiques avec une grande tache brune basale au **nodus** et une tache formée de **pruinosité** blanche sur le côté du nodus. Cette dernière marque est particulièrement visible quand, au crépuscule, l'espèce vole erratiquement au-dessus des eaux stagnantes (même notablement polluées). (Cliché par Martin Mandak.) / **Figure 180.** Twister *Tholymis tillarga* male, Antanetiambo Nature Reserve. Occurs across tropical Asia and Africa, as well as on Madagascar, Mayotte, Mauritius, La Réunion, and the Seychelles. The fairly large (hindwing 34-39 mm) male is entirely pale brown, turning red with maturity. The hindwing markings are distinctive, with a large brown patch basal to the **node** and a patch of white **pruinosity** on the outside of the node. The latter marking stands out when it flies erratically over (even notably polluted) stagnant water at dusk. (Photo by Martin Mandak.)

Figure 181. Mâle de Noctambule élégante *Zyxomma petiolatum*, Vietnam. Cette espèce australienne atteint également les Seychelles, Maurice et La Réunion. Le mâle est de taille moyenne (avec des ailes postérieures de 30-34 mm). Il a un corps marron, un abdomen mince ainsi que de grands yeux verts pâle avec des stries sombres obliques. Les ailes sont souvent tachées d'une manière caractéristique, en particulier aux extrémités et à la base des ailes postérieures. (Cliché par James Holden.) / **Figure 181.** Dingy (or Long-tailed) Duskdarter *Zyxomma petiolatum* male, Vietnam. Australasian species that reaches the Seychelles, Mauritius, and La Réunion. The male is medium-sized (hindwing 30-34 mm) with a brown body, slender abdomen, and big pale green eyes with faint transverse dark stripes. The wings are often distinctly stained, especially at the tips and hindwing base. (Photo by James Holden.)

Toutes les espèces patrouillent au-dessus des eaux stagnantes et des cours d'eau à écoulement lent (souvent à l'intérieur ou à proximité des forêts) dans des conditions de faible luminosité. Les œufs sont déposés en vol, sur des substrats flottants ou immergés (substrats généralement constitués de matériel végétal). La femelle de *Tholymis* en particulier se retourne avant chaque redescente, ce qui lui a valu son nom vernaculaire anglais. L'espèce se réfugie dans une végétation dense pendant la journée. *Zyxomma* spp. rappellent particulièrement une miniature de *Gynacantha* avec leurs grands yeux, leur long corps et leurs couleurs ternes.

The **monotypic** *Parazyxomma* is widespread in Africa and known from one site on Madagascar.

All species patrol over standing and slow-flowing water (often in or near forest) under low light conditions. Eggs are deposited in flight on floating or submerged substrates (usually plant material); the *Tholymis* female turns around before each downward swoop, giving it its vernacular name. The species rests in dense vegetation during the day. *Zyxomma* spp. recall miniature *Gynacantha* with their large eyes, long body, and dull colors.

Figure 182. Mâle d'Œil-de-taon *Parazyxomma flavicans*, Ouganda. Espèce commune à travers l'Afrique, étonnamment, elle est également présente à Antananarivo. Alors qu'elle se comporte comme *Zyxomma*, elle rappelle *Brachythemis leucosticta* (voir ci-dessous). Cependant, elle est plus grande (avec des ailes postérieures de 26-32 mm) mais moins corpulente, avec des bandes alaires plus pâles et des yeux plus grands marqués d'un motif en treillis sombre. Normalement, il y a juste une rangée de cellules (et non deux) dans les **plans radiaux**, deux cellules dans le **triangle** des ailes antérieures, trois dans le **subtriangle** tandis que la **boucle anale** touche (presque) le bord de l'aile. (Cliché par Hans-Joachim Clausnitzer.) / **Figure 182.** Banded Duskdarter *Parazyxomma flavicans* male, Uganda. Common across tropical Africa and also found, surprisingly, in Antananarivo. While behaving like *Zyxomma*, the species recalls *Brachythemis leucosticta* (see below). However, it is larger (hindwing 26-32 mm) and less stout with fainter wing-bands and bigger eyes marked with a dark latticework. There is normally just one (not two) cell-row in the **radial planates**, the forewing **triangle** is of two cells, the **subtriangle** of three, and the **anal loop** (nearly) touches the wing border. (Photo by Hans-Joachim Clausnitzer.)

Rase-mottes — *Brachythemis* (Figures 183 et 184)

A part quatre espèces africaines, il existe une seule espèce au Moyen Orient et une autre en Asie tropicale. L'unique espèce régionale, *B. leucosticta*, s'étend d'Afrique à Madagascar. Les mâles matures ont le corps et les bandes alaires d'un marron sombre, contrastant avec les **ptérostigmas** pâles qui s'assombrissent en se rapprochant des pointes. La plupart des femelles, ainsi que tous les **ténéraux**, ont des ailes transparentes et un corps jaunâtre marqué de noir. L'espèce fréquente des eaux stagnantes bien exposées ou des eaux à écoulement lent. Elle se repose généralement sur le sol nu et vole autour des pieds de grands mammifères, y compris ceux des humains, afin de capturer des insectes dérangés. Ce comportement est très différent de celui des genres étroitement affiliés *Parazyxomma*, *Tholymis* et *Zyxomma*. L'espèce est

Groundlings — *Brachythemis* (Figures 183 and 184)

Besides four African species, there are single species in the Middle East and tropical Asia. The only regional species, *B. leucosticta*, extends from Africa to Madagascar. Mature males have dark brown bodies and wing-bands, contrasting with the pale **pterostigmas**, which are darkened towards the tips. Most females and all **tenerals** have clear wings and yellowish bodies marked black. The species frequents exposed standing or slow-flowing waters and usually rest on bare ground, flying around the feet of larger mammals, including humans, to catch disturbed insects. While this behavior differs strongly from the closely related *Parazyxomma*, *Tholymis*, and *Zyxomma*, it also

Figure 183. Mâle de Rase-mottes austral *Brachythemis leucosticta*, Isalo. (Cliché par Dennis Paulson.) / **Figure 183.** Southern Banded Groundling *Brachythemis leucosticta* male, Isalo. (Photo by Dennis Paulson.)

Figure 184. Femelle de Rase-mottes austral *Brachythemis leucosticta*, Isalo. (Cliché par Michael Post.) / **Figure 184.** Southern Banded Groundling *Brachythemis leucosticta* female, Isalo. (Photo by Michael Post.)

également plus active vers la fin de la journée. *Brachythemis leucosticta* ne peut se confondre qu'avec *Parazyxomma flavicans* mais elle est plus petite (avec des ailes postérieures de 21-28 mm). Par ailleurs, les yeux se touchent sur une distance similaire à la longueur du **vertex**. Les **triangles** et les **subtriangles** des ailes antérieures sont composés seulement de une à deux cellules.

Phénix — *Crocothemis* (Figures 185 à 189)

Neuf espèces occupent l'Afrique, traversent l'Eurasie jusqu'en Australie ; cinq d'entre eux se rencontrent en Afrique continentale. Deux (ou trois, voir ci-dessous) s'étendent jusqu'à Madagascar, alors qu'une autre y est endémique. Les mâles matures se

becomes more active towards the end of the day. *Brachythemis leucosticta* is only likely to be confused with *Parazyxomma flavicans* but is smaller (hindwing 21-28 mm), the eyes touch over a distance similar to the **vertex**'s length, and the **triangles** and **subtriangles** in the forewing are of only one to two cells.

Scarlets — *Crocothemis* (Figures 185 to 189)

Nine species occur from Africa across Eurasia to Australia, of which five are found in continental Africa. Two (or three, see below) extend to Madagascar, while another is endemic. Mature males are best separated from similarly bright red dragonflies based on different characters, as *Crocothemis* is medium-sized (hindwing 25-33 mm)

Figure 185. Mâle de Phénix écarlate *Crocothemis erythraea*, Isalo. C'est l'espèce d'odonate la plus répandue d'Afrique, s'étendant rapidement en Europe, elle est abondante à Madagascar et aux Comores, alors qu'elle est étrangement absente des autres îles de l'océan Indien. Elle se rencontre dans toutes étendues d'eau ouverte, généralement stagnantes. Les mâles matures diffèrent de la plupart des libellulides rouges par leur abdomen élargi, par les marques noires limitées (y compris des mâles aux pattes toutes rouges), par les bases des ailes postérieures d'un jaune profond et par les larges **ptérostigmas** de couleur paille. (Cliché par Allan Brandon.) / **Figure 185.** Broad Scarlet *Crocothemis erythraea* male, Isalo. Africa's most widespread odonate, expanding rapidly in Europe, and abundant on Madagascar and the Comoros, but strangely absent from other Indian Ocean islands. The species can be found at almost any open, usually standing, water body. Mature males differ from most other red libellulids by their broad abdomen, limited black markings including all-red legs, deep yellow hindwing bases, and large straw-colored **pterostigmas**. (Photo by Allan Brandon.)

distinguent des libellules rouge vif similaires en fonction de différents caractères : *Crocothemis* est de taille moyenne (avec des ailes postérieures de 25-33 mm) avec une nervation typique, en particulier sur les ailes antérieures : il y a 9½-11½ **nervures transverses anténodales**, deux cellules dans les **triangles**, trois dans les **subtriangles** ainsi que trois rangées de cellules à la base du **champ discoïdal**. Néanmoins, toute libellulide sans noir sur les pattes appartient probablement à ce genre. Le Petit Phénix *C. sanguinolenta* préfère les eaux courantes et ne se perche que très rarement sur la végétation. Alors que l'espèce est commune à travers l'Afrique, sa présence à Madagascar reste à

with typical venation, more specifically in the forewings, there are 9½-11½ **antenodal cross-veins**, two cells in the **triangles** and three in the **subtriangles**, and three cell-rows at the base of the **discoidal field**. However, any libellulid without black on the legs is likely to be this genus. The Little Scarlet *C. sanguinolenta* prefers running water, rarely perching on vegetation. While common across

Figure 186. Mâle fraîchement émergé de Phénix écarlate *Crocothemis erythraea*, Isalo. Les mâles sont d'un jaune brunâtre à l'émergence, ressemblant presque à la plupart des femelles ; mais ils virent rapidement à l'orange puis au rouge. Les femelles âgées peuvent aussi devenir rouges. (Cliché par Erland Nielsen.) / **Figure 186.** Broad Scarlet *Crocothemis erythraea* freshly emerged male, Isalo. Males are brownish yellow at emergence, looking almost identical to most females, but quickly turn orange and then red. Old females also can become red. (Photo by Erland Nielsen.)

Figure 187. Mâle de Phénix à pattes noires *Crocothemis striata*, Andamasiny-Vineta. Décrite à Ranohira et récemment trouvée aussi à Toliara, à Andamasiny-Vineta et à Zombitse-Vohibasia, cette espèce pourrait se limiter à la partie Sud-ouest de Madagascar. Elle apparaît plus petite mais plus trapue que *C. erythraea*. Le mâle mature est d'un rouge plus profond, avec des ptérostigmas et des pattes noires. (Cliché par Allan Brandon.) / **Figure 187.** Black-legged Scarlet *Crocothemis striata* male, Andamasiny-Vineta. Described from Ranohira and recently found near Toliara and at Andamasiny-Vineta and Zombitse-Vohibasia, and may be limited to southwestern Madagascar. Appearing smaller and stockier than *C. erythraea*, the mature male is deeper red with black **pterostigmas** and legs. (Photo by Allan Brandon.)

confirmer. *Crocothemis sanguinolenta* est plus petite que *C. erythraea* avec de petits tirets noirs sur le côté des segments abdominaux ainsi que des **ptérostigmas** plus courts qui deviennent rouges comme l'abdomen à maturité.

Africa, its presence on Madagascar is unconfirmed. It is smaller than *C. erythraea*, with small black dashes on the side of the abdominal segments, and shorter **pterostigmas** becoming red with maturity like the abdomen.

Figure 188. Femelle de Phénix à pattes noires *Crocothemis striata*, Andamasiny-Vineta. Ce sexe est très fortement marqué et est facilement confondu avec d'autres genres de libellulides comme *Trithemis*. (Cliché par Dave Smallshire.) / **Figure 188.** Black-legged Scarlet *Crocothemis striata* female, Andamasiny-Vineta. This sex is boldly marked and easily mistaken for other libellulid genera, such as *Trithemis*. (Photo by Dave Smallshire.)

Figure 189. Mâle de Phénix pâle *Crocothemis divisa*, Parc National de l'Isalo. Cette espèce est abondante localement à travers l'Afrique et à Madagascar. Les adultes passent de longues périodes loin des eaux, se perchant à plat contre des surfaces verticales comme les rochers et les murs. Ils varient du marron terne à l'orange mais ils deviennent rouges quand ils se reproduisent dans les ruisseaux et fossés herbeux. Ils se distinguent par leurs grands **ptérostigmas**, leurs ailes transparentes, leur abdomen élancé et leur face pâle. (Cliché par Dave Smallshire.) / **Figure 189.** Rock Scarlet *Crocothemis divisa* male, Isalo National Park. Locally abundant across Africa and Madagascar. Adults spend long periods away from water, perching flat on vertical surfaces such as rocks and walls, being dull brown to orange, but become red when they breed in grassy streams and ditches. They are distinctive with their big **pterostigmas**, clear hindwings, slender abdomen, and pale face. (Photo by Dave Smallshire.)

Farfadets — *Sympetrum* (Figure 190)

Bien que certaines se rencontrent en Amérique, Afrique et Asie tropicales, la grande majorité des 60 espèces se trouvent dans la partie tempérée d'Eurasie et des Amériques. Une espèce nomade, connue sous le nom de Farfadet voyageur (ou Sympétrum à nervures rouges) en Europe, s'étend du Japon jusqu'en Afrique du Sud. En Afrique, l'espèce s'observe dans les mares et lacs saisonniers et exposés, surtout dans les zones sèches en hautes altitudes ; et bien qu'elle soit absente d'une grande partie du Centre et de l'Ouest du continent, elle est commune localement autour du Sahara et dans la partie Sud de l'Afrique. L'espèce n'a pas encore été confirmée à Madagascar ; par contre, elle se rencontre à La Réunion, généralement au-dessus de 1500 m. Les mâles matures de couleur rouge de ce genre sont similaires à *Crocothemis* et à *Trithemis* mais les détails de leurs marques noires, leur face rouge mais latéralement blanche, leur thorax strié de lignes blanchâtres sur les côtés sont distinctifs. L'espèce rappelle plus les *Diplacodes* par sa nervation avec seulement 6½-8½ **nervures transverses anténodales** sur les ailes antérieures. Sa taille moyenne la rapproche de *D. luminans* (avec des ailes postérieures de 26-31 mm), sauf qu'elle présente normalement une nervure transverse dans les **triangles** des ailes antérieures.

Darters — *Sympetrum* (Figure 190)

Although some range into tropical America, Africa, and Asia, the vast majority of the 60 species is found in temperate Eurasia and America. One nomadic species, known as the Red-veined Darter in Europe, ranges from Japan to South Africa. In Africa, it occurs at exposed seasonal ponds and lakes mostly in drier areas and at higher elevations, being absent from much of the western and central part, but locally common around the Sahara and in southern Africa. It is unconfirmed for Madagascar, but occurs on La Réunion, generally above 1500 m. The red mature male within this genus are similar to *Crocothemis* and *Trithemis*, but details of the black markings, the white-sided red face, and whitish stripes on the thorax sides are distinctive. Recalls *Diplacodes* more by venation with only 6½-8½ **antenodal cross-veins** in the forewing and medium-sized as *D. luminans* (hindwing 26-31 mm), but normally has a cross-vein in the forewing **triangles**.

Figure 190. Mâle de Farfadet voyageur *Sympetrum fonscolombii*, La Réunion. (Cliché par Michel Yerokine.) / **Figure 190.** Nomad *Sympetrum fonscolombii* male, La Réunion. (Photo by Michel Yerokine.)

Guetteurs — *Diplacodes* (Figures 191 à 196)

Les Guetteurs s'étendent d'Afrique au sud de l'Eurasie jusqu'en Australie et dans le Pacifique. Cinq des 11 espèces se rencontrent dans les Afrotropiques et une espèce asiatique atteint les Seychelles. Les Guetteurs sont assez petits (avec des ailes postérieures de 18-31 mm) et grêles, se distinguant par des appendices pâles ainsi que par un abdomen strié à l'émergence. Néanmoins, toutes les espèces, à l'exception de *D. luminans* (autrefois placé dans le genre **monotypique** *Philonomon*), deviennent noires ou à **pruineuses** avec l'âge, ce qui rend les diverses marques plus difficile à voir.

Perchers — *Diplacodes* (Figures 191 to 196)

Perchers range from Africa through southern Eurasia to Australia and the Pacific. Five of the 11 species occur in the **Afrotropics** and one Asian species reaches the Seychelles. They are fairly small (hindwing 18-31 mm) and slender with distinctive pale appendages and abdominal streaks at emergence. However, all species except *D. luminans* (placed previously in the **monotypic** genus *Philonomon*) become black or **pruinose** with age, obscuring these markings. The forewing venation is relatively open with no cross-vein in the **triangles**,

Figure 191. Mâle de Guetteur noir *Diplacodes lefebvrii*, Isalo. L'espèce peut se trouver quasiment dans toutes les mares ouvertes à travers l'Afrique, Madagascar, Mayotte, les Mascareignes et les Seychelles ; ainsi qu'à Assumption dans le groupe d'Aldabra. Les mâles matures se reconnaissent par leur taille modeste (avec des ailes postérieures de 24-29 mm), par leur corps tout noir et par les marques sur leurs ailes. Les populations y sont plus grandes en taille que sur le continent, avec des marques marron plus étendues à la base des ailes postérieures. Souvent, elles présentent aussi un lavis marron près des **ptérostigmas** ; d'où parfois la considération de ces populations comme une sous-espèce dénommée *D. l. tetra*. (Cliché par Michael Post.) / **Figure 191.** Black Percher *Diplacodes lefebvrii* male, Isalo. Can be found at virtually every open marsh across much of Africa, Madagascar, Mayotte, the Mascarenes, and the Seychelles, having been found also on Assumption in the Aldabra group. Mature males are recognized by their modest size (hindwing 24-29 mm), all-black body, and wing markings. These populations are larger in size than on the continent, with more extensive brown markings at the hindwing base and often a brown wash near the **pterostigmas**, and sometimes treated as the subspecies *D. l. tetra*. (Photo by Michael Post.)

La nervation des ailes antérieures est relativement ouverte, sans nervure transverse dans les **triangles** mais avec deux rangées de cellules à la base du **champ discoïdal** adjacent et 6½-8½ **nervures transverses anténodales**.

two cell-rows at the base of the adjacent **discoidal field**, and 6½-8½ **antenodal cross-veins**.

Figure 192. Mâle de Guetteur isolé *Diplacodes exilis*, Parc National de Masoala. A Madagascar, cette espèce endémique semble préférer des mares plus petites et plus isolées que *D. lefebvrii*. Sa présence à Mayotte doit encore être confirmée. Les mâles matures (et les femelles âgées) se distinguent par leur face jaune et par la présence d'une **pruinosité** grise étendue. (Cliché par Callan Cohen.) / **Figure 192.** Madagascar Percher *Diplacodes exilis* male, Masoala National Park. Endemic that seems to prefer smaller and more secluded marshes than *D. lefebvrii* throughout Madagascar; its presence on Mayotte must be confirmed. Mature males (and older females) differ by their yellow face and extensive gray **pruinosity**. (Photo by Callan Cohen.)

Figure 193. Femelle de Guetteur isolé *Diplacodes exilis*, Parc National de Ranomafana. La plupart des femelles (et des jeunes mâles) sont trompeusement similaires à *D. lefebvrii*, alors qu'elles sont distinctement plus petites (avec des ailes postérieures de 18-21 mm) et présentent des stries thoraciques sombres plus étendues qui sont connectées au lieu d'être parallèles, interrompant les marques jaunes entre elles. (Cliché par Allan Brandon.) / **Figure 193.** Madagascar Percher *Diplacodes exilis* female, Ranomafana National Park. Most females (and young males) are deceptively similar to *D. lefebvrii*, although distinctly smaller (hindwing 18-21 mm) and with more extensive dark thoracic stripes that are connected rather than parallel, breaking up the yellow markings between them. (Photo by Allan Brandon.)

Figure 194. Mâle de Guetteur bâlafré *Diplacodes* sp., Parc National de Ranomafana. Cette espèce non encore décrite, trouvée dans un marais à laîches, est petite, avec une **pruinosité** grise étendue sur le thorax et l'abdomen comme celle de *D. exilis*. Cependant, chez deux mâles de Guetteur bâlafré observés, la couleur de fond est rouge avec deux stries épaisses de couleur crème parcourant les côtés du thorax. Les **nervures transverses anténodales** distales sont complètes. (Cliché par Erland Nielsen.) / **Figure 194.** Striped Percher *Diplacodes* sp. male, Ranomafana National Park. This apparently undescribed species, found in a sedge marsh, is small with extensive gray **pruinosity** on the thorax and abdomen like *D. exilis*. However, a red undertone and two bold cream thoracic stripes show through, while the distal **antenodal cross-veins** were complete in two males observed. (Photo by Erland Nielsen.)

Figure 195. Mâle de Vil Guetteur *Diplacodes trivialis*, Thaïlande. De l'Asie australe tropicale, l'espèce atteint les Seychelles où elle se différencie facilement de *D. lefebvrii* par ses ailes sans marque, sa face blanche, ses yeux bleus ainsi que son thorax et son abdomen avec une **pruinosité** crayeuse à maturité. (Cliché par Dennis Farrell.) / **Figure 195.** Blue (or Chalky) Percher *Diplacodes trivialis* male, Thailand. Reaches the Seychelles from tropical Australasia, where it is easily separated from *D. lefebvrii* by the unmarked wings, white face, blue eyes, and with maturity chalky **pruinosity** on thorax and abdomen. (Photo by Dennis Farrell.)

Figure 196. Mâle de Guetteur sanglant *Diplacodes luminans*, Zimbabwe. Répandue dans les marais saisonniers d'Afrique continentale, l'espèce semble avoir une distribution plus clairsemée dans la **Région malgache** où elle est connue seulement à Mayotte, à Aldabra et à Assumption. Sa présence est encore incertaine à Madagascar. Le mâle est relativement grand (avec des ailes postérieures de 25-31 mm) et présente une face, un thorax et la base de l'abdomen rouges, ainsi que des S5-10 noirs tachetés de jaune. (Cliché par Bart Würsten.) / **Figure 196.** Barbet Percher *Diplacodes luminans* male, Zimbabwe. Widespread at seasonal marshes on the African mainland, but seems more thinly distributed in the **Malagasy Region**, where it is known from Mayotte, Aldabra, and Assumption, but not yet with certainty from Madagascar. The male is relatively large (hindwing 25-31 mm) with a red face, thorax, and abdomen base and yellow-spotted black S5-10. (Photo by Bart Würsten.)

Libeillons — *Rhyothemis* (Figures 197 et 198)

Environ 15 espèces se rencontrent d'Asie en Australie, jusqu'au Pacifique, alors que sept espèces sont **afrotropicales**. Toutes habitent des marais ensoleillés, exhibant leus ailes colorées en papillonant ou en se perchant avec les ailes relevées, à l'instar d'un fanion, à l'extrémité d'un perchoir bien visible. Alors que leur vol semble vacillant, ces espèces sont remarquablement rapides et fuyantes. *Rhyothemis semihyalina* migre de nuit.

Ce genre caractéristique de taille moyenne (avec des ailes postérieures de 24-33 mm) s'identifie par le corps d'un noir bronzé et par les ailes à motif aux reflets bleus et violets. Les ailes antérieures ont seulement 6½-9½

Flutterers — *Rhyothemis* (Figures 197 and 198)

About 15 species occur from Asia to Australia and the Pacific, while seven are **Afrotropical**. All inhabit sunny marshes, displaying their colorful wings in fluttering flight or perching pennant-like at the tip of a conspicuous post with raised wings. Although their flight seems weak, they are remarkably fast and evasive, and *R. semihyalina* migrates at night.

This distinctive medium-sized genus (hindwing 24-33 mm) is identified by the bronzy black body and patterned wings with blue and purple reflections. The forewings have only 6½-9½ **antenodal cross-veins** but **subtriangles** of four to six cells (rarely just three) and **discoidal fields** of

Figure 197. Mâle de Libeillon papilule *Rhyothemis semihyalina*, Parc National de Mantadia. L'espèce s'étend d'Afrique à Mayotte, Madagascar, Maurice, La Réunion, Les Seychelles, Aldabra et Assumption. Sur les ailes postérieures, la marque sombre s'étend de la base jusqu'au **nodus**. (Cliché par Callan Cohen.) / **Figure 197.** Phantom Flutterer *Rhyothemis semihyalina* male, Mantadia National Park. Occurs from Africa to Mayotte, Madagascar, Mauritius, La Réunion, the Seychelles, Aldabra, and Assumption. The dark area is restricted to the hindwing basal to the **node**. (Photo by Callan Cohen.)

Figure 198. Mâle de Libeillon encré *Rhyothemis cognata*, Maroantsetra. Cette espèce endémique de Madagascar semble se limiter à la partie orientale plus humide de l'île. Sur toutes les ailes, la marque sombre s'étend presque jusqu'aux **ptérostigmas**. (Cliché par Callan Cohen.) / **Figure 198.** Madagascar Flutterer *Rhyothemis cognata* male, Maroantsetra. Endemic that seems restricted to Madagascar's more mesic east. The dark area extends almost to the **pterostigmas** in all wings. (Photo by Callan Cohen.)

nervures transverses anténodales tandis que les **subtriangles** ont quatre à six cellules (rarement trois) et les **champs discoïdaux** en ont trois à cinq rangées à leur base. La base des ailes postérieures est extrêmement élargie avec des cellules allongées qui sont beaucoup plus longues que larges.

Veuves — *Palpopleura* (Figures 199 à 201)

Cinq espèces se rencontrent en Afrique et une en Asie du sud. La **Région malgache** renferme une espèce africaine et une espèce endémique ; les deux préférant les mares et les marais ouverts. Ces espèces sont petites (avec des ailes postérieures de 19-22 mm) et ont des abdomens courts

three to five rows at their base. The hindwing base is extremely broadened with drawn-out cells, many of which are much longer than wide.

Widows — *Palpopleura* (Figures 199 to 201)

Five species occur in Africa and one in southern Asia. One African and one endemic species occur in the **Malagasy Region** and both prefer open pools or marshes. They are small (hindwing 19-22 mm) with short broad abdomens with three characteristic black and four yellow stripes, which disappear under pale **pruinosity** with age. The wing markings recall *Rhyothemis*, but the leading edge of the *Palpopleura* forewing is wavy close to its base. Females of both

Figure 199. Mâle de Veuve étincelante *Palpopleura vestita*, Isalo. Cette espèce endémique est abondante dans tout Madagascar. Chez les mâles, les marques sombres des ailes s'étendent au-delà des **nodus**, devenant **pruineuses** et apparaissant argentées à maturité. Néanmoins, il faut noter qu'à l'émergence, les marques sont d'un noir mat, comme chez *P. lucia*. (Cliché par Mike Averill.) / **Figure 199.** Silver Widow *Palpopleura vestita* male, Isalo. Abundant endemic throughout Madagascar. The dark wing markings extend just beyond the **nodes** in males, becoming **pruinose**, and appearing silvery with maturity. However, note that at emergence the markings are matt black as in *P. lucia*. (Photo by Mike Averill.)

Figure 200. Femelle de Veuve étincelante *Palpopleura vestita*, Isalo. (Cliché par Michael Post.) / **Figure 200.** Silver Widow *Palpopleura vestita* female, Isalo. (Photo by Michael Post.)

Figure 201. Mâle de Veuve Lucie *Palpopleura lucia*, Afrique du Sud. Cette espèce est commune à travers l'Afrique et aux Comores mais sa présence n'est pas confirmée à Madagascar. Les marques sombre des ailes chez les mâles s'étendent jusqu'aux **ptérostigmas** et sont toujours d'un noir mat. (Cliché par Warwick Tarboton.) / **Figure 201.** Lucia Widow *Palpopleura lucia* male, South Africa. Common across Africa and the Comoros, but unconfirmed for Madagascar. The male's dark wing markings extend to the **pterostigmas** and are always matt black. (Photo by Warwick Tarboton.)

mais élargis avec trois stries noires et quatre stries jaunes caractéristiques qui, avec l'âge, disparaissent sous une **pruinosité** pâle. Les marques alaires rappellent *Rhyothemis* ; néanmoins, la marge antérieure des ailes antérieures de *Palpopleura* est ondulée à proximité de la base. Les femelles des deux espèces ont des marques alaires similaires et se distinguent l'une de l'autre grâce à leur répartition respective. A Mayotte, *P. lucia* vole toute l'année mais les femelles vues pendant la saison des pluies paraissent être de plus petite taille et présentent des marques alaires plus réduites. Etrangement, des

species have similar wing markings and are best identified based on their distribution. Females seen in the rainy months (*P. lucia* flies all year)

observations de mâle n'ont jamais été rapportées. Ces derniers pourraient représenter une forme de *P. lucia* ou un **taxon** non encore nommé.

Basilics — *Viridithemis* (Figures 202 et 203)

Cette espèce unique a été décrite à partir d'une femelle de grande taille (avec des ailes postérieures de 39 mm)

on Mayotte have much-reduced wing markings and appear smaller, but oddly there are no confirmed sightings of males. These may represent a form of *P. lucia* or an unnamed **taxon**.

Greenbolt — *Viridithemis* (Figures 202 to 203)

The single species was described from a large female (hindwing 39 mm)

Figure 202. Mâle de Basilic *Viridithemis viridula*, Forêt de Kirindy (CNFEREF). Aucune autre libellule ne ressemble à ce mâle qui est tout vert, avec du rouge à l'extrémité de l'abdomen. Les appendices et S5-10 ne virent au rouge vif qu'à maturité ; sinon, ils restent verts, à l'exception des S8-10 marron, comme chez la femelle. (Cliché par K.-D. B. Dijkstra.) / **Figure 202.** Greenbolt *Viridithemis viridula* male, Kirindy (CNFEREF) Forest. No other dragonfly is like the male, being green with a red abdomen tip. The appendages and S5-10 may only turn bright red with maturity, otherwise remaining green with only S8-10 brown as in the female. (Photo by K.-D. B. Dijkstra.)

Figure 203. Femelle de Basilic *Viridithemis viridula*, Forêt de Kirindy (CNFEREF). (Cliché par K.-D. B. Dijkstra.) / **Figure 203.** Greenbolt *Viridithemis viridula* female, Kirindy (CNFEREF) Forest. (Photo by K.-D. B. Dijkstra.)

collectée à Namoroka en 1952. C'était la seule observation rapportée jusqu'à ce que des photos de femelles aient été prises au nord de Morondava en 2002, 2004 et 2006. Le mâle (sexe normalement utilisé pour décrire de nouvelles libellules) a seulement été découvert via une photo prise en 2007 dans la forêt de Zombitse-Vohibasia. Les noms de genre et d'espèce ont été tirés de la traduction latine du mot « vert », une couleur rare parmi les plus de 1000 espèces de Libellulidae. *Viridithemis* est affilié au genre **monotypique** africain *Cyanothemis* qui est appelé ainsi à cause de sa pigmentation inhabituelle bleu ciel ; au genre australien *Rhodothemis* qui est de couleur rouge vif ; et au genre américain *Erythemis* qui renferme des espèces rouges, vertes, noires et **pruineuses**. Ces différents genres, ainsi que le genre affilié *Acisoma*, présentent un **triangle occipital** aux larges bords droits qui permet aux yeux de se toucher uniquement sur une distance inférieure à la moitié de sa longueur.

Viridithemis est présent localement dans les forêts sèches caducifoliées de l'Ouest de Madagascar mais son habitat de reproduction et son écologie restent inconnus. Les mâles de Cérulée *Cyanothemis simpsoni* se perchent dans les forêts, sur des branches exposées au soleil et surplombant les rivières, surtout là où des débris organiques flottants sont accumulés derrière les troncs d'arbre tombés car c'est là que les femelles déposent leurs œufs. Des observations effectuées de septembre à janvier suggèrent que *V. viridula*

collected at Namoroka in 1952. This remained the only known record until photographs were taken of females north of Morondava in 2002, 2004, and 2006. However, the male (the sex normally used to describe new dragonflies) was only discovered when one was photographed in 2007 in the Zombitse-Vohibasia Forest. Both the genus and species name are derived from the Latin word for green; a rare color among the over 1000 species of Libellulidae. The genus is related to the **monotypic** African genus *Cyanothemis*, named for its equally unusual sky-blue pigmentation, the bright red *Rhodothemis* from Australasia, and the American *Erythemis* with red, green, black, and **pruinose** species. These different genera and the related *Acisoma* have a large straight-bordered **occipital triangle** that allows the eyes to touch only for a distance less than half its length.

Local in dry deciduous forests of western Madagascar, the reproductive habitat and ecology of *Viridithemis* remains unknown. Males of the Bluebolt *Cyanothemis simpsoni* perch on sunny branches over forested rivers, particularly where organic flotsam is concentrated behind fallen logs, as this is where females lay their eggs. The records from September to January suggest that *V. viridula* survives the dry season as adult. Perhaps it breeds in leaf litter in calmer sections of temporary rivers once these begin to flow.

survit pendant la saison sèche en tant qu'adulte. Peut-être que l'espèce se reproduit sous les litières de feuilles dans les zones plus calmes des rivières temporaires une fois que ces dernières se remettent à couler.

Fuseaux — *Acisoma* (Figures 204 et 205)

Jusqu'à récemment, on pensait que deux espèces existaient en Afrique, dont *A. panorpoides* s'étendant jusqu'à Madagascar et en Asie. Néanmoins, en 2016, cette espèce a été subdivisée en cinq : la véritable *A. panorpoides* se limitant seulement à l'Asie, tandis que Madagascar et l'Afrique continentale abritent chacun

Pintails — *Acisoma* (Figures 204 and 205)

Until recently, two species were thought to occur in Africa, with *A. panorpoides* extending to Madagascar and Asia. However, this species was separated into five species in 2016, with true *A. panorpoides* occurring only in Asia, while Madagascar and mainland Africa each harbor two species. The population on Mayotte seems closest to the continental Slender Pintail *A. variegatum*.

All species like sunny and especially grassy marshes, and are recognized by their small size (hindwing 20-25 mm), brown to black body with

Figure 204. Mâle de Fuseau malgache *Acisoma attenboroughi*, Antananarivo. Cette espèce est répandue à travers Madagascar, y compris dans l'intérieur des terres, dans les bassins envahis d'herbes comme les rizières abandonnées. Elle a aussi été observée dans les zones côtières orientales et occidentales mais pas encore dans les forêts littorales où se trouve *A. ascalaphoides*. Le mâle présente beaucoup de blanc sur le **labrum**, le **labium**, le thorax et sur le dessous de S3-7. De plus, il existe des marques blanches fragmentées et effilochées sur le dessus de S2-5, ainsi que de larges taches blanches sur les côtés de S7. (Cliché par Callan Cohen.) / **Figure 204.** Attenborough's Pintail *Acisoma attenboroughi* male, Antananarivo. Widespread across Madagascar, including the interior, at weedy ponds such as abandoned rice fields. It has also been found in east and west coast areas, but not yet in the littoral forests with *A. ascalaphoides*. The male has an extensively white **labrum**, **labium**, thorax and underside of S3-7, fragmented and frayed white markings on top of S2-5, and large white lateral spots on S7. (Photo by Callan Cohen.)

Figure 205. Mâle de Fuseau littoral *Acisoma ascalaphoides*, Sainte Luce. Connue uniquement des blocs forestiers aux extrémités Sud et Nord de la plaine orientale de Madagascar, l'espèce pourrait aussi exister ailleurs. Elle est considérée En danger car elle semble se limiter aux habitats des forêts littorales. Elle est facilement identifiable par sa face, son thorax et la base de son abdomen, tous d'un brun assez uniforme. L'abdomen est entièrement noir sur sa partie ventrale mais présente des marques blanches étendues, denses et bien découpées sur la partie dorsale de S3-6. Par contre, le dorsum des **cercoïdes** est noir et non largement blanc. (Cliché par Kai Schütte.) / **Figure 205.** Littoral Pintail *Acisoma ascalaphoides* male, Sainte Luce. Known only from forest blocks at the southern and northern ends of Madagascar's lowland east. The species may occur elsewhere, but is considered Endangered as it seems restricted to littoral forest habitat. It is easily identified by the rather uniformly brown face, thorax, and abdomen base. The abdomen is ventrally entirely dark with extensive dorsal white markings only on S3-6, which are solid and clean-cut, while the dorsum of the **cerci** is black, not largely white. (Photo by Kai Schütte.)

deux espèces supplémentaires. La population de Mayotte semble se rapprocher le plus du Fuseau gracieux *A. variegatum* d'Afrique continentale.

Toutes ces espèces affectionnent les marais ensoleillés et très herbeux. Elles se reconnaissent par leur petite taille (avec des ailes postérieures de 20-25 mm), par leur corps marron à noir contrastant avec des marques fragmentées blanches (bleutées), par la base de leur abdomen qui est fortement enflée et qui se rétrécit soudainement pour former une pointe effilée, ainsi que par leurs ailes antérieures avec seulement 7½-9½ **nervures transverses anténodales**.

contrasting and fragmented (bluish) white markings, strongly swollen abdomen base narrowing abruptly to a slender tip, and forewings with only 7½-9½ **antenodal cross-veins**.

Tableau 1. Liste des libellules et demoiselles de Madagascar et des îles de l'océan Indien occidental. / **Table 1.** Checklist of dragonflies and damselflies from Madagascar and the western Indian Ocean Islands.

Les familles de cette liste sont présentées suivant l'ordre phylogénétique (8, 29, 30), tandis que les genres et les espèces qu'elles englobent sont arrangés suivant l'ordre alphabétique. Cet arrangement diffère parfois à certains endroits du texte où les genres et espèces d'apparences similaires sont regroupés. Pour chacune des espèces listées, nous précisons : le nom scientifique ; les noms communs en anglais et en français ; la liste non-exhaustive des synonymes (=?) confirmés et potentiels ; le statut selon la Liste Rouge (CR : espèce En danger critique d'extinction ; DD : espèce aux Données insuffisantes ; EN : espèce En danger ; LC : espèce de Préoccupation mineure ; NA : espèce Non évaluée ; NT : espèce Quasimenacée ; VU : espèce Vulnérable), le numéro de la figure correspondante, si une illustration est fournie (elle est marquée avec un astérisque si une espèce similaire est présentée à sa place) ; la distribution sur les principales îles de la région et les continents adjacents : (Mad : Madagascar, GCo : Grande Comore, Anj : Anjouan, Moh : Mohéli, May : Mayotte, Mau : Maurice, Reu : La Réunion, Rod : Rodrigues, Mah : Mahé, Pra : Praslin, LDi : La Digue, Ald : Aldabra, Ass : Assumption, Glo : Glorieuse, Cos : Cosmolédo, Afr: Afrique, EAs: Eurasie). Les espèces continentales communes dont la présence n'a pas pu être vérifiée dans les îles de la **Région malgache** sont : *Ceriagrion suave* Ris, 1921, *Crocothemis sanguinolenta* (Burmeister, 1839), *Orthetrum brachiale* (Palisot de Beauvois, 1817), *O. caffrum* (Burmeister, 1839), *O. chrysostigma* (Burmeister, 1839), *Trithemis furva* Karsch, 1899 et *T. stictica* (Burmeister, 1839).Des espèces non encore décrites mais qui seront illustrées dans cet ouvrage ont été incluses dans la liste avec leurs noms communs de sorte que ces espèces puissent être distinguées. De plus, nous avons connaissance d'au moins 20 espèces de la région en instance d'être décrites, dont au moins cinq espèces de *Nesolestes*, deux de *Protolestes*, une de *Proplatycnemis*, au moins trois de *Pseudagrion*, une de *Anaciaeschna* (voir le texte sur le genre), une de *Isomma*, deux de *Nesocordulia*, ainsi qu'une espèce pour chacun des genres *Diplacodes*, *Zygonyx* et éventuellement *Archaeophlebia* et *Malgassophlebia*.

The families are listed in phylogenetic order (8, 29, 30) and the genera and species within them arranged alphabetically. This order differs in places from the text, where genera and species that look similar are grouped together. For the different listed species, we provide scientific names; English and French vernacular names; non-exhaustive confirmed and possible (=?) synonyms; Red List status (CR: Critically Endangered; DD: Data Deficient; EN: Endangered; LC: Least Concern; NA: Not Assessed; NT: Near Threatened; VU: Vulnerable); figure number if illustrated (marked with asterisk if similar species shown instead), and confirmed distribution on the main regional islands and adjacent continents: Mad: Madagascar, GCo: Grande Comore, Anj: Anjouan, Moh: Mohéli, May: Mayotte, Mau: Mauritius, Reu: La Réunion, Rod: Rodrigues, Mah: Mahé, Pra: Praslin, LDi: La Digue, Ald: Aldabra, Ass: Assumption, Glo: Glorieuse, Cos: Cosmolédo, Afr: Africa, EAs: Eurasia. Common continental species whose presence could not be verified on islands in the **Malagasy Region** are *Ceriagrion suave* Ris, 1921, *Crocothemis sanguinolenta* (Burmeister, 1839), *Orthetrum brachiale* (Palisot de Beauvois, 1817), *O. caffrum* (Burmeister, 1839), *O. chrysostigma* (Burmeister, 1839), *Trithemis furva* Karsch, 1899, and *T. stictica* (Burmeister, 1839). Undescribed species that are illustrated in the book have been included in the list and given vernacular names so they can be distinguished. Including those, we are aware of at least 20 species from the region that must still be described, of which at least five in *Nesolestes*, two in *Protolestes*, two in *Tatocnemis*, one in *Proplatycnemis*, at least three in *Pseudagrion*, one in *Anaciaeschna* (but see genus text), one in *Isomma*, two in *Nesocordulia*, and one each in *Diplacodes*, *Zygonyx*, and possibly *Archaeophlebia* and *Malgassophlebia* as well.

Nom scientifique / Scientific name	Nom Anglais / English name	Nom Français / French name	Synonymes / Synonyms	Liste rouge / Red List	Figure / Figure	Distribution / Distribution
ZYGOPTERA Selys, 1854						
Lestidae Calvert, 1901						
Lestes Leach in Brewster, 1815	**Spreadwings**	**Lestes**				
Lestes auripennis Fraser, 1955	Golden-winged Spreadwing	Leste aux ailes d'or		EN		Mad
Lestes silvaticus (Schmidt, 1951)	Forest Spreadwing	Leste sylvestre		DD	25	Mad
Lestes pruinescens Martin, 1910	Shy Spreadwing	Leste timide		DD	26	Mad
Lestes simulatrix McLachlan, 1895	Slaty Spreadwing	Leste ardoise	*L. simulator* (incorrect spelling)	LC	24	Mad
Lestes ochraceus Selys, 1862	Ochre Spreadwing	Leste ocré	*L. unicolor* McLachlan, 1895; *L. unicolor aldabrensis* Blackman & Pinhey, 1967	LC	22, 23	Mad, Ald, Cos, Afr
Argiolestidae Fraser, 1957			Megapodagrionidae Calvert, 1913 (in part)			
Allolestes Selys, 1869	**Seychelles islanders**	**Iliens des Seychelles**				
Allolestes maclachlanii Selys, 1869	Seychelles Islander	Ilien des Seychelles		EN	33	Mah, Pra
Nesolestes Selys, 1891	**Malagasy islanders**	**Iliens malgaches**			27-31	
Nesolestes albicauda Fraser, 1952	White-tailed Islander	Ilien à queue blanche		DD		Mad
Nesolestes albicolor Fraser, 1955	Ghostly Islander	Ilien fantôme		DD		Mad
Nesolestes alboterminatus Selys, 1891	Tippex Islander	Ilien blanchi		DD		Mad
Nesolestes angydna Schmidt, 1951	Angidina Islander	Ilien Angidina		DD		Mad
Nesolestes drocera Fraser, 1951	Drocera Islander	Ilien Drocera		DD		Mad
Nesolestes elisabethae Lieftinck, 1965	Elisabeth's Islander	Ilien d'Elisabeth		DD		Mad
Nesolestes forficuloides Fraser, 1955	Earwig Islander	Ilien perce-oreilles		DD		Mad
Nesolestes mariae Aguesse, 1968	Sainte Marie Islander	Ilien de Sainte Marie		DD		Mad
Nesolestes martini Schmidt, 1951	Martin's Islander	Ilien de Martin		LC		Mad

Nom scientifique / Scientific name	Nom Anglais / English name	Nom Français / French name	Synonymes / Synonyms	Liste rouge / Red List	Figure / Figure	Distribution / Distribution
Nesolestes pauliani Fraser, 1951	Comoro Islander	Ilien des Comores		EN		Moh
Nesolestes pulverulans Lieftinck, 1965	Powdery Islander	Ilien poudré		DD		Mad
Nesolestes radama Lieftinck, 1965	Radama Islander	Ilien royal		DD		Mad
Nesolestes ranavalona Schmidt, 1951	Gilded Islander	Ilien doré		DD	32	Mad
Nesolestes robustus Aguesse, 1968	Robust Islander	Ilien robuste		DD		Mad
Nesolestes rubristigma Martin, 1902	Red-spotted Islander	Ilien à stigma rouge		DD		Mad
Nesolestes tuberculicollis Fraser, 1949	Hump-necked Islander	Ilien tuberculé		DD		Mad
Calopterygidae Selys, 1850						
Phaon Selys, 1853	**African demoiselles**	**Pharaons**				
Phaon rasoherinae Fraser, 1949	Madagascar Demoiselle	Pharaon malgache	*P. iridipennis* (Burmeister, 1839) ssp. *rasoherinae*	LC	90	Mad
Protolestidae Dijkstra & Bybee, 2021			Megapodagrionidae Calvert, 1913 (in part)			
***Protolestes* Förster, 1899**	**Protos**	**Agates**				
Protolestes fickei Förster, 1899	Black Proto	Agate noire		LC		Mad
Protolestes furcatus Aguesse, 1967	Fork-tipped Proto	Agate fourchue		DD		Mad
Protolestes kerckhoffae Schmidt, 1949	Rusty-tipped Proto	Agate à queue rouge		DD	34, 35	Mad
Protolestes leonorae Schmidt, 1949	Maroon Proto	Agate marron		DD	36	Mad
Protolestes milloti Fraser, 1949	Millot's Proto	Agate de Millot		DD		Mad
Protolestes proselytus Lieftinck, 1965	White-nosed Proto	Agate nez-blanc	*P. fickei* Schmidt, 1951 nec Förster, 1899	DD	38, 39	Mad
Protolestes rufescens Aguesse, 1967	Rufous Proto	Agate rousse		DD		Mad
Protolestes simonei Aguesse, 1967	Simone's Proto	Agate de Simone		DD		Mad

Nom scientifique / Scientific name	Nom Anglais / English name	Nom Français / French name	Synonymes / Synonyms	Liste rouge / Red List	Figure / Figure	Distribution / Distribution
Protolestes sp. (probably undescribed)	Dark Proto	Agate sombre		NA	37	Mad
Tatocnemididae Rácenis, 1959			Megapodagrionidae Calvert, 1913 (in part)			
Tatocnemis Kirby, 1889	**Rockstars**	**Tatos**				
Tatocnemis crenulatipennis Fraser, 1952	Crenulate Rockstar	Tato crénelée		DD		Mad
Tatocnemis denticularis Aguesse, 1968	Mandraka Rockstar	Tato dentée		DD		Mad
Tatocnemis emarginatipennis Fraser, 1960	Emarginate Rockstar	Tato emarginée		DD		Mad
Tatocnemis malgassica Kirby, 1889	Common Rockstar	Tato commune		LC	40, 41	Mad
Tatocnemis mellisi Schmidt, 1951	Mellis's Rockstar	Tato de Mellis		DD		Mad
Tatocnemis micromalgassica Aguesse, 1968	Little Rockstar	Tato micro		DD		Mad
Tatocnemis olsufieffi Schmidt, 1951	Olsufieff's Rockstar	Tato d'Olsufieff		DD		Mad
Tatocnemis robinsoni Schmidt, 1951	Robinson's Rockstar	Tato de Robinson		DD		Mad
Tatocnemis sinuatipennis (Selys, 1891)	Selys's Rockstar	Tato de Selys		DD		Mad
Tatocnemis virginiae Legrand, 1992	Virginie's Rockstar	Tato de Virginie		DD		Mad
Platycnemididae Yakobson & Bianchi, 1905						
***Paracnemis* Martin, 1902**	**Whiskerlegs**	**Pilipattes**				
Paracnemis alluaudi Martin, 1902	Eastern Whiskerleg	Pilipatte oriental	*Ciliagrion madagascariense* Sjöstedt, 1917	LC	51, 52	Mad
Paracnemis secundaris (Aguesse, 1968)	Western Whiskerleg	Pilipatte occidental	*Metacnemis secundaris* Aguesse, 1968	DD		Mad
***Proplatycnemis* Kennedy, 1920**	Malagasy featherlegs	**Plumipattes**	*Platycnemis* Burmeister, 1839 (in part)			

Nom scientifique / Scientific name	Nom Anglais / English name	Nom Français / French name	Synonymes / Synonyms	Liste rouge / Red List	Figure / Figure	Distribution / Distribution
Proplatycnemis agrioides (Ris, 1915)	Comoro Featherleg	Plumipatte à tibias bleus	*P. melanus* (Aguesse, 1968)	NT	48	Anj, Moh, May
Proplatycnemis alatipes (McLachlan, 1872)	Booted Featherleg	Plumipatte botté		LC	44, 49	Mad
Proplatycnemis aurantipes (Lieftinck, 1965)	Orange-legged Featherleg	Plumipatte à tibias oranges		DD		Mad
Proplatycnemis hova (Martin, 1908)	Pied Featherleg	Plumipatte pie		LC	43	Mad
Proplatycnemis longiventris (Schmidt, 1951)	Radiant Featherleg	Plumipatte radieux		DD		Mad
Proplatycnemis malgassica (Schmidt, 1951)	Dark Featherleg	Plumipatte tigre		LC	42	Mad
Proplatycnemis pallidus (Aguesse, 1968)	Ghost Featherleg	Plumipatte livide	*P. pseudalatipes* (Schmidt, 1951) ssp. *pallidus*	DD		Mad
Proplatycnemis protostictoides (Fraser, 1953)	Namoroka Featherleg	Plumipatte de Namoroka		DD		Mad
Proplatycnemis pseudalatipes (Schmidt, 1951)	Blue-faced Featherleg	Plumipatte disco		LC	45	Mad
Proplatycnemis sanguinipes (Schmidt, 1951)	Blood-red Featherleg	Plumipatte sanguin		LC	47, 50	Mad
Proplatycnemis sp. (probably undescribed)	Poodle Featherleg	Plumipatte neigeux		NA	46	Mad
Coenagrionidae Kirby, 1890						
Aciagrion Selys, 1891	**Slims**	**Maigrions**				
Aciagrion inaequistigma (Fraser, 1953)	Madagascar Slim	Maigrion malgache	*Mombagrion* Sjöstedt, 1909; *Millotagrion* Fraser, 1953 *Millotagrion inaequistigma* Fraser, 1953	DD	61*	Mad
Africallagma Kennedy, 1920	**African bluets**	**Bleuets africains**	*Enallagma* Charpentier, 1840 (in part)			

Nom scientifique / Scientific name	Nom Anglais / English name	Nom Français / French name	Synonymes / Synonyms	Liste rouge / Red List	Figure / Figure	Distribution / Distribution
Africallagma glaucum (Burmeister, 1839)	Swamp Bluet	Bleuet des marais	*Enallagma glaucum* (Burmeister, 1839)	LC	60	Reu, Afr
Africallagma rubristigma (Schmidt, 1951)	Red-spotted Bluet	Bleuet à stigma mauve	*Enallagma rubristigma* Schmidt, 1951	LC	59	Mad
Agriocnemis Selys, 1877	**Wisps**	**Pitchounes**				
Agriocnemis exilis Selys, 1872	Little Wisp	Pitchoune solitaire	=? *Argiocnemis solitaria* (Selys, 1872)	LC	65, 66	Mad, Mau, Reu, Afr
Agriocnemis gratiosa Gerstäcker, 1891	Gracious Wisp	Pitchoune gracieuse		LC	67	Mad, May, Afr
Agriocnemis merina Lieftinck, 1965	Merina Wisp	Pitchoune mérina		DD		Mad
Agriocnemis pygmaea (Rambur, 1842)	Wandering (or Pygmy) Wisp	Pitchoune vagabonde		LC		Mah, Pra, LDi, EAs
Azuragrion May, 2002	**Sailing bluets**	**Bleuets dériveurs**	*Enallagma* Charpentier, 1840 (in part)			
Azuragrion kaudemi (Sjöstedt, 1917)	Malagasy Bluet	Bleuet malgache	*Enallagma nigridorsum* Selys, 1876 ssp. *kauderni* (Sjöstedt, 1917)	LC	10, 57, 58	Mad, GCo, Anj, May
Ceriagrion Selys, 1876	**Citrils**	**Amarillons**				
Ceriagrion auritum Fraser, 1951	Lime Citril	Amarillon citron-vert		LC	87	Mad
Ceriagrion glabrum (Burmeister, 1839)	Common Citril	Amarillon orange		LC	86	Mad, May, Mau, Reu, Rod, Mah, Pra, LDi, Afr
Ceriagrion madagazureum Fraser, 1949	Bluet Citril	Amarillon bleu		DD		Mad
Ceriagrion nigrolineatum Schmidt, 1951	Black-lined Citril	Amarillon à ligne noire		LC	88	Mad
Ceriagrion oblongulum Schmidt, 1951	Long Citril	Amarillon allongé		DD		Mad
Coenagriocnemis Fraser, 1949	**Bluetips**	**Allègrions**				

Nom scientifique / Scientific name	Nom Anglais / English name	Nom Français / French name	Synonymes / Synonyms	Liste rouge / Red List	Figure / Figure	Distribution / Distribution
Coenagriocnemis insularis (Selys, 1872)	Black-legged Bluetip	Allègrion à pattes noires		EN	63	Mau
Coenagriocnemis ramburi Fraser, 1950	Hybrid Bluetip	Allègrion hybride	May be a hybrid of *C. insularis* and *C. rufipes*	DD		Mau
Coenagriocnemis reuniensis (Fraser, 1957)	Reunion Bluetip	Allègrion de Bourbon		LC	64	Reu
Coenagriocnemis rufipes (Rambur, 1842)	Orange-legged Bluetip	Allègrion à pattes oranges		EN	62	Mau
Ischnura Charpentier, 1840	**Bluetails**	**Ogrions**				
Ischnura filosa Schmidt, 1951	Madagascar Bluetail	Ogrion malgache		LC	56	Mad
Ischnura senegalensis (Rambur, 1842)	Tropical Bluetail	Ogrion tropical		LC	54, 55	Mad, GCo, May, Mau, Reu, Rod, Mah, Pra, Ald, Afr, EAs
Ischnura vinsoni Fraser, 1949	Mauritius Bluetail	Ogrion mauritien		DD		Mau
Leptocnemis Selys, 1886	**Seychelles stream damsels**	**Demoichelles**				
Leptocnemis cyanops (Selys, 1869)	Seychelles Stream Damsel	Demoichelle		DD	53	Mah, Pra
Pseudagrion Selys, 1876	**Sprites**	**Lutins**				
Pseudagrion Selys, 1876 (B–group)						
Pseudagrion punctum (Rambur, 1842)	Bright Sprite	Lutin à dos jaune		LC	68	Mad, May, Mau, Reu
Pseudagrion sublacteum (Karsch, 1893)	Cherry-eye Sprite	Lutin à face rouge	*P. mohelii* Aguesse, 1968	LC	69	Anj, Moh, May, Afr
Pseudagrion sp. near *massaicum* Sjöstedt, 1909	Antankarana Sprite	Lutin d'Antankarana		NA		Mad
Pseudagrion Selys, 1876 (M–group)						
Pseudagrion alcicorne Förster, 1906	Elk-horn Sprite	Lutin corne d'élan		LC	77	Mad

Nom scientifique / Scientific name	Nom Anglais / English name	Nom Français / French name	Synonymes / Synonyms	Liste rouge / Red List	Figure / Figure	Distribution / Distribution
Pseudagrion ambatoroae Aguesse, 1968	Golden-tailed Sprite	Lutin à queue d'or		DD	80	Mad
Pseudagrion ampolomitae Aguesse, 1968	Purplish Sprite	Lutin pourpré		DD	81	Mad
Pseudagrion apicale Schmidt, 1951	Saddled Sprite	Lutin à selle		LC	71	Mad
Pseudagrion approximatum Schmidt, 1951	Wrench-tailed Sprite	Lutin commando		LC	79	Mad
Pseudagrion cheliferum Fraser, 1949	Scissor-tailed Sprite	Lutin à ciseaux		DD		Mad
Pseudagrion chloroceps Fraser, 1955	Jealous Sprite	Lutin jaloux	P. igniceps sensu Fraser, 1953 (Mém. Inst. Scient. Mad.) nec Fraser, 1953 (Naturaliste Malgache)	DD		Mad
Pseudagrion deconcertans Aguesse, 1968	Confusing Sprite	Lutin déroutant		DD		Mad
Pseudagrion digitatum Schmidt, 1951	Finger-tailed Sprite	Lutin digité	P. alcicorne Förster, 1906 ssp. digitatum	LC		Mad
Pseudagrion dispar Schmidt, 1951	Eyeshadow Sprite	Lutin maquillé		LC	72	Mad
Pseudagrion divaricatum Schmidt, 1951	Fork-tailed Sprite	Lutin à queue fourchue		LC	83	Mad
Pseudagrion giganteum Schmidt, 1951	Goliath Sprite	Lutin goliath		DD		Mad
Pseudagrion hamulus Schmidt, 1951	Hook-tailed Sprite	Lutin à hameçon		DD	78	Mad
Pseudagrion igniceps Fraser, 1953	Blushing Sprite	Lutin rougissant		LC		Mad
Pseudagrion lucidum Schmidt, 1951	Luminous Sprite	Lutin lumineux		DD		Mad
Pseudagrion macrolucidum Aguesse, 1968	Dazzling Sprite	Lutin éblouissant		DD	84	Mad
Pseudagrion malgassicum Schmidt, 1951	Ruddy-legged Sprite	Lutin à pattes rouges		LC	70, 85	Mad
Pseudagrion mellisi Schmidt, 1951	Violet-faced Sprite	Lutin à face violette		DD	75	Mad

Nom scientifique / Scientific name	Nom Anglais / English name	Nom Français / French name	Synonymes / Synonyms	Liste rouge / Red List	Figure / Figure	Distribution / Distribution
Pseudagrion merina Schmidt, 1951	Brick-faced Sprite	Lutin à face brique		DD		Mad
Pseudagrion nigripes Schmidt, 1951	Nondescript Sprite	Lutin anonyme		DD		Mad
Pseudagrion olsufieffi Schmidt, 1951	Brownish Sprite	Lutin brunâtre		DD		Mad
Pseudagrion pontogenes Ris, 1915	Comoro Sprite	Lutin comorien		VU	73	Anj, Moh, May
Pseudagrion pterauratum Aguesse, 1968	Goldendrop Sprite	Lutin gouttes d'or	*P. pterauratus* (incorrect spelling)	DD		Mad
Pseudagrion renaudi Fraser, 1953	Blue-nosed Sprite	Lutin à face bleue		DD	82	Mad
Pseudagrion seyrigi Schmidt, 1951	Cerulean Sprite	Lutin céruléen		LC	74	Mad
Pseudagrion simile Schmidt, 1951	Twin Sprite	Lutin besson		DD		Mad
Pseudagrion stuckenbergi Pinhey, 1964	Stuckenberg's Sprite	Lutin de Stuckenberg		DD		Mad
Pseudagrion tinctipenne Fraser, 1951	Smoky-winged Sprite	Lutin à ailes fumées	*P. tinctipennis* (incorrect spelling)	DD		Mad
Pseudagrion trigonale Schmidt, 1951	Delta Sprite	Lutin delta		DD		Mad
Pseudagrion ungulatum Fraser, 1951	Claw-tailed Sprite	Lutin à crochets		DD		Mad
Pseudagrion vakoanae Aguesse, 1968	Vakoana Sprite	Lutin de Vakoana		DD		Mad
Pseudagrion sp. (probably undescribed)	Green-fronted Sprite	Lutin à front vert		NA	76	Mad
Teinobasis Kirby, 1890	**Fineliners**	**Alumettes**	*Seychellibasis* Kennedy, 1920			
Teinobasis alluaudi (Martin, 1896)	Indian Ocean Fineliner	Alumette occidentale	*T. alluaudi berlandi* Schmidt, 1951	LC	89	Mad, Mah, Afr
ANISOPTERA Selys, 1854						
Aeshnidae Leach in Brewster, 1815						
Anaciaeschna Selys, 1878	Evening hawkers	Marchands de sable				

Nom scientifique / Scientific name	Nom Anglais / English name	Nom Français / French name	Synonymes / Synonyms	Liste rouge / Red List	Figure / Figure	Distribution / Distribution
Anaciaeschna triangulifera McLachlan, 1896	Evening Hawker	Marchand de sable		LC	97	Mad, Afr
Anax Leach in Brewster, 1815	**Emperors**	**Anax**				
Anax ephippiger (Burmeister, 1839)	Vagrant Emperor	Anax porte-selle	*Hemianax* Selys, 1883 *Hemianax ephippiger* (Burmeister, 1839)	LC	95	Mad, Moh, May, Mau, Reu, Afr, EAs
Anax guttatus (Burmeister, 1839)	Pale-spotted (or Lesser Green) Emperor	Anax à gouttes		LC	96	Mah, EAs
Anax imperator Leach in Brewster, 1815	Blue Emperor	Anax empereur		LC	93	Mad, GCo, Anj, Moh, May, Mau, Reu, Rod, Afr, EAs
Anax mandrakae Gauthier, 1988	Mandraka Emperor	Anax magicien		DD		Mad
Anax tristis Hagen, 1867	Black Emperor	Anax géant		LC	94	Mad, GCo, Anj, May, Reu, Ald, Afr
Anax tumorifer McLachlan, 1885	Madagascar Emperor	Anax malgache		LC	91, 92	Mad
Gynacantha Rambur, 1842	**Duskhawkers**	**Djinns**				
Gynacantha radama Fraser, 1956	Radama Duskhawker	Djinn royal		LC	98*	Mad
Gynacantha bispina Rambur, 1842	Mascarene Duskhawker	Djinn mascarin		VU		Mau, Reu, Rod
Gynacantha comorensis Couteyen & Papazian, 2009	Comoro Duskhawker	Djinn comorien		VU		GCo, Anj, May
Gynacantha hova Fraser, 1956	Hova Duskhawker	Djinn prince		DD	99*	Mad
Gynacantha malgassica Fraser, 1962	Madagascar Duskhawker	Djinn malgache		DD	100	Mad
Gynacantha stylata Martin, 1896	Seychelles Duskhawker	Djinn seychellois		CR		Mah, Pra
Gomphidae Rambur, 1842						
Isomma Selys, 1892	Glyphtails	Dragomphes	*Malgassogomphus* Cammaerts, 1987			

Nom scientifique / Scientific name	Nom Anglais / English name	Nom Français / French name	Synonymes / Synonyms	Liste rouge / Red List	Figure / Figure	Distribution / Distribution
Isomma elouardi Legrand, 2003	Black-tipped Glyphtail	Dragomphe pointe noire		DD		Mad
Isomma hieroglyphicum Selys, 1892	Red-tipped Glyphtail	Dragomphe pointe rouge		LC	106, 107	Mad
Isomma robinsoni (Cammaerts, 1987)	Little Glyphtail	Dragomphe chétif	*Malgassogomphus robinsoni* Cammaerts, 1987	DD		Mad
***Onychogomphus* Selys, 1854**	**Claspertails**	**Harpagomphes**				
Onychogomphus aequistylus Selys, 1892	Red-tipped Claspertail	Harpagomphe pointe rouge	*O. flavifrons* Selys, 1894	LC	103, 104	Mad
Onychogomphus vadoni Paulian, 1960	Dark-tipped Claspertail	Harpagomphe pointe noire		DD	105	Mad
***Paragomphus* Cowley, 1934**	**Hooktails**	**Paragomphes**				
Paragomphus fritillarius (Selys, 1892)	Spotted Hooktail	Paragomphe joueur		LC	102	Mad
Paragomphus genei (Selys, 1841)	Common Hooktail	Paragomphe commun	*P. genei ndzuaniensis* Levasseur, 2007	LC		Anj, May, Afr, EAs
Paragomphus madegassus (Karsch, 1890)	Madagascar Hooktail	Paragomphe malgache		LC	101	Mad
Paragomphus obliteratus (Selys, 1892)	Confusing Hooktail	Paragomphe déroutant		NA		Mad
Paragomphus z-viridum Fraser, 1955	Zorro Hooktail	Paragomphe zorro		DD		Mad
Libelluloidea incertae sedis			Corduliidae Selys, 1850 (in part)			
***Libellulosoma* Martin, 1907**	**Skimmertails**	**Mélusines**				
Libellulosoma minutum Martin, 1907	Skimmertail	Mélusine	*L. minuta* (incorrect spelling)	DD	115	Mad
***Nesocordulia* McLachlan, 1882**	**Knifetails**	**Cordulibes**				
Nesocordulia flavicauda McLachlan, 1882	Yellow-tailed Knifetail	Cordulibe à queue jaune		DD		Mad

Nom scientifique / Scientific name	Nom Anglais / English name	Nom Français / French name	Synonymes / Synonyms	Liste rouge / Red List	Figure / Figure	Distribution / Distribution
Nesocordulia malgassica Fraser, 1956	Rusty-tipped Knifetail	Cordulibe à queue rouillée		DD	112	Mad
Nesocordulia mascarenica Fraser, 1948	White-tipped Knifetail	Cordulibe à queue blanche		DD	113	Mad
Nesocordulia rubricauda Martin, 1900	Red-tailed Knifetail	Cordulibe à queue rouge		DD		Mad
Nesocordulia spinicauda Martin, 1902	Spine-tailed Knifetail	Cordulibe à pointe		DD		Mad
Nesocordulia villiersi Legrand, 1984	Comoro Knifetail	Cordulibe comorienne		EN		Moh
Nesocordulia sp. (probably undescribed)	Fossa Knifetail	Cordulibe fossa		NA	114	Mad
Macromiidae Needham, 1903						
Phyllomacromia Selys, 1878	**African cruisers**	**Macromies africaines**	Corduliidae Selys, 1850 (in part) *Macromia* Rambur, 1842 (in part)			
Phyllomacromia trifasciata (Rambur, 1842)	Madagascar Cruiser	Macromie malgache		LC	111	Mad
Corduliidae Selys, 1850						
Hemicordulia Selys, 1870	**Island emeralds**	**Emeraudes**				
Hemicordulia atrovirens Dijkstra, 2007	Reunion Emerald	Emeraude de Bourbon		DD	110	Reu
Hemicordulia similis (Rambur, 1842)	Madagascar Emerald	Emeraude malgache	*H. delicata* Martin, 1896	LC	108, 109	Mad, Mah
Hemicordulia virens (Rambur, 1842)	Mauritius Emerald	Emeraude de Maurice		EN		Mau
Libellulidae Leach in Brewster, 1815						
Acisoma Rambur, 1842	**Pintails**	**Fuseaux**				
Acisoma ascalaphoides Rambur, 1842	Littoral Pintail	Fuseau littoral		EN	205	Mad

Nom scientifique / Scientific name	Nom Anglais / English name	Nom Français / French name	Synonymes / Synonyms	Liste rouge / Red List	Figure / Figure	Distribution / Distribution
Acisoma attenboroughi Mens et al., 2016	Attenborough's Pintail	Fuseau malgache		LC	204	Mad
Acisoma variegatum Kirby, 1898	Slender Pintail	Fuseau gracieux	*A. panorpoides ascalaphoides* auctt. nec Rambur, 1842 (in part)	LC		May, Afr
Aethiothemis Martin, 1908	**Flashers**	**Lokies**	***Lokia* Ris, 1919**			
Aethiothemis modesta (Ris, 1910)	Madagascar Flasher	Lokie modeste	*Lokia modesta* (Ris, 1910)	DD	140	Mad
Aethriamanta Kirby, 1889	**Pygmy basker**	**Feux follets**				
Aethriamanta rezia Kirby, 1889	Pygmy Basker	Feu follet		LC	179	Mad, Afr
Archaeophlebia Ris, 1909	**Furbellies**	**Pelissules**				
Archaeophlebia martini (Selys, 1896)	Furbelly	Pelissule		LC	148-150	Mad
Brachythemis Brauer, 1868	**Groundlings**	**Rase-mottes**				
Brachythemis leucosticta (Burmeister, 1839)	Southern Banded Groundling	Rase-mottes austral		LC	183, 184	Mad, Afr
Calophlebia Selys, 1896	**Prettywings**	**Bellailes**				
Calophlebia karschi Selys, 1896	Prettywing	Bellaile	*C. interposita* Ris, 1909	DD	6, 144, 145	Mad
Chalcostephia Kirby, 1889	**Inspectors**	**Célestine**				
Chalcostephia flavifrons Kirby, 1889	Inspector	Célestine	*C. flavifrons spinifera* Pinhey, 1962	LC	136, 137	Mad, Afr
Crocothemis Brauer, 1868	**Scarlets**	**Phénix**				
Crocothemis divisa Karsch, 1898	Rock Scarlet	Phénix pâle		LC	189	Mad, Afr
Crocothemis erythraea (Brullé, 1832)	Broad Scarlet	Phénix écarlate		LC	185, 186	Mad, GCo, Anj, Moh, May, Afr, EAs
Crocothemis striata Lohmann, 1981	Black-legged Scarlet	Phénix à pattes noires		DD	187, 188	Mad
Diplacodes Kirby, 1889	**Perchers**	**Guetteurs**	***Philonomon* Förster, 1906**			
Diplacodes exilis Ris, 1911	Madagascar Percher	Guetteur isolé		LC	192, 193	Mad

Nom scientifique / Scientific name	Nom Anglais / English name	Nom Français / French name	Synonymes / Synonyms	Liste rouge / Red List	Figure / Figure	Distribution / Distribution
Diplacodes lefebvrii (Rambur, 1842)	Black Percher	Guetteur noir	*D. lefebvrei* (incorrect spelling); *D. lefebvrii* (Rambur, 1842) ssp. *tetra* (Rambur, 1842)	LC	191	Mad, May, Mau, Reu, Mah, LDi, Ald, Ass, Afr, EAs
Diplacodes luminans (Karsch, 1893)	Barbet Percher	Guetteur sanglant	*Philonomon luminans* (Karsch, 1893)	LC	196	May, Ald, Ass, Afr
Diplacodes trivialis (Rambur, 1842)	Blue (or Chalky) Percher	Vil Guetteur		LC	195	Mah, Pra, LDi, EAs
Diplacodes sp. (probably undescribed)	Striped Percher	Guetteur bâlafré		NA	194	Mad
Hemistigma Kirby, 1889	**Piedspots**	**Séraphines**				
Hemistigma affine (Rambur, 1842)	Madagascar Piedspot	Séraphine malgache	*H. affinis* (incorrect spelling) *H. ouvirandrae* Förster, 1914	LC	138, 139	Mad, May
Macrodiplax Brauer, 1868	**Coastal pennants**	**Lézardeurs migrateurs**				
Macrodiplax cora (Kaup in Brauer, 1867)	Coastal Pennant	Lézardeur migrateur		LC	177, 178	Mad, Mau, Afr, EAs
Malgassophlebia Fraser, 1956	**Leaftippers**	**Nutons**				
Malgassophlebia mayanga (Ris, 1909)	Northern Leaftipper	Nuton septentrional		DD		Mad
Malgassophlebia mediodentata Legrand, 2001	Eastern Leaftipper	Nuton oriental		DD	151	Mad
Neodythemis Karsch, 1889	**Junglewatchers**	**Kinkirgas**	*Oreoxenia* Förster, 1899; *Pseudophlebia* Martin, 1902			
Neodythemis arnoulti Fraser, 1955	"spotted" junglewatcher	Kinkirga "tacheté"		DD		Mad
Neodythemis hildebrandti Karsch, 1889	Striped Junglewatcher	Kinkirga zébré		LC	141	Mad
Neodythemis pauliani Fraser, 1952	"spotted" junglewatcher	Kinkirga "tacheté"		DD		Mad

Nom scientifique / Scientific name	Nom Anglais / English name	Nom Français / French name	Synonymes / Synonyms	Liste rouge / Red List	Figure / Figure	Distribution / Distribution
Neodythemis trinervulata (Martin, 1902)	"spotted" junglewatcher	Kinkirga "tacheté"		DD	142*, 143*	Mad
Olpogastra Karsch, 1895	**Bottletails**	**Tarasques**				
Olpogastra lugubris (Karsch, 1895)	Bottletail	Tarasque		LC	164	Mad, Afr
Orthetrum Newman, 1833	**Skimmers**	**Pirates**				
Orthetrum azureum (Rambur, 1842)	Broad Skimmer	Pirate voiles d'or		LC	3, 5, 120-122	Mad
Orthetrum icteromelas Ris, 1910	Spectacled Skimmer	Pirate à bésicles	*O. icteromelan* (incorrect spelling)	LC	128	Mad, Afr
Orthetrum julia Kirby, 1900	Julia Skimmer	Pirate Julie		LC	132, 133	Anj, Afr
Orthetrum lemur Ris, 1909	Lemur Skimmer	Pirate sombre		LC	132, 133	Mad
Orthetrum lugubre Ris, 1915	Mayotte Skimmer	Pirate lugubre	*O. azureum* (Rambur, 1842) ssp. *lugubre*	NT	123, 124	May
Orthetrum malgassicum Pinhey, 1970	Moustached Skimmer	Pirate à moustaches	*O. abbotti* Calvert, 1892 ssp. *malgassicum*	LC	4, 125-127	Mad
Orthetrum stemmale (Burmeister, 1839)	Bold Skimmer	Pirate ravisseur	*O. brachiale* auctt. nec (Palisot de Beauvois, 1817); *O. stemmale* (Burmeister, 1839) ssp. *wrightii* (Selys, 1869)	LC	129-131	Mad, GCo, Anj, May, Mau, Reu, Rod, Mah, Pra, LDi, Afr
Orthetrum trinacria (Selys, 1841)	Long Skimmer	Pirate effilé		LC	134, 135	Mad, Moh, May, Ald, Afr, EAs
Palpopleura Rambur, 1842	**Widows**	**Veuves**				
Palpopleura lucia (Drury, 1773)	Lucia Widow	Veuve Lucie		LC	201	GCo, Anj, Moh, May, Afr
Palpopleura vestita Rambur, 1842	Silver Widow	Veuve étincelante		LC	199, 200	Mad
Pantala Hagen, 1861	**Rainpool gliders**	**Pantales**				

Nom scientifique / Scientific name	Nom Anglais / English name	Nom Français / French name	Synonymes / Synonyms	Liste rouge / Red List	Figure / Figure	Distribution / Distribution
Pantala flavescens (Fabricius, 1798)	Wandering Glider	Pantale globe-trotter		LC	171, 172	Mad, GCo, Anj, Moh, May, Mau, Reu, Rod, Mah, Pra, LDi, Ald, Ass, Glo, Afr, EAs
***Parazyxomma* Pinhey, 1961**	**Banded duskdarter**	**Œils-de-taon**				
Parazyxomma flavicans (Martin, 1908)	Banded Duskdarter	Œil-de-taon		LC	182	Mad, Afr
***Rhyothemis* Hagen, 1867**	**Flutterers**	**Libeillons**				
Rhyothemis cognata (Rambur, 1842)	Madagascar Flutterer	Libeillon encré		LC	198	Mad
Rhyothemis semihyalina (Desjardins, 1835)	Phantom Flutterer	Libeillon papilule		LC	197	Mad, May, Mau, Reu, Mah, Pra, LDi, Ald, Ass, Afr
***Sympetrum* Newman, 1833**	**Darters**	**Farfadets**				
Sympetrum fonscolombii (Selys, 1840)	Nomad	Farfadet voyageur	*S. fonscolombei* (incorrect spelling)	LC	190	Reu, Afr, EAs
***Tetrathemis* Brauer, 1868**	**Elfs**	**Elfes**				
Tetrathemis polleni (Selys, 1869)	Black-splashed Elf	Elfe domino	*Neophlebia* Selys, 1869	LC	7, 146, 147	Mad, Afr
***Thalassothemis* Ris, 1909**	**Mauritius dropwings**	**Korriganes de Maurice**				
Thalassothemis marchali (Rambur, 1842)	Mauritius Dropwing	Korrigane de Maurice		EN	161	Mau
***Thermorthemis* Kirby, 1889**	**Malagasy jungleskimmers**	**Trapules**				
Thermorthemis comorensis Fraser, 1958	Comoro Jungleskimmer	Trapule comorien		LC	119	GCo, Anj, May

Nom scientifique / Scientific name	Nom Anglais / English name	Nom Français / French name	Synonymes / Synonyms	Liste rouge / Red List	Figure / Figure	Distribution / Distribution
Thermorthemis madagascariensis (Rambur, 1842)	Madagascar Jungleskimmer	Trapule malgache		LC	12, 116-118	Mad
Tholymis Hagen, 1867	**Twisters**	**Revenants**				
Tholymis tillarga (Fabricius, 1798)	Twister	Revenant		LC	180	Mad, May, Mau, Reu, Mah, Pra, LDi, Afr
Tramea Hagen, 1861	**Saddlebag gliders**	**Planeurs**				
Tramea basilaris (Palisot de Beauvois, 1817)	Keyhole Glider	Planeur trou-de-serrure	*Trapezostigma* Hagen, 1848	LC	173	Mad, GCo, Anj, Moh, May, Mau, Reu, Rod, Ald, Ass, Glo, Afr, EAs
Tramea limbata (Desjardins, 1835)	Ferruginous Glider	Planeur élancé	*T. madagascariensis* Kirby, 1889	LC	174	Mad, May, Mau, Reu, Rod, Mah, Pra, Ald, Ass, Afr, EAs
Trithemis Brauer, 1868	**Dropwings**	**Korriganes**				
Trithemis annulata (Palisot de Beauvois, 1807)	Violet Dropwing	Korrigane fée	*T. annulata* (Palisot de Beauvois, 1807) ssp. *haematina* (Rambur, 1842)	LC	157	Mad, Mau, Reu, Afr, EAs
Trithemis arteriosa (Burmeister, 1839)	Red-veined Dropwing	Korrigane diablotine	*T. lateralis* (Burmeister, 1839)	LC	159	Anj, Moh, May, Afr, EAs
Trithemis maia Ris, 1915	Mayotte Dropwing	Korrigane magicienne	*T. selika* Selys, 1869 ssp. *maia*	VU	155	May
Trithemis persephone Ris, 1912	Pink Dropwing	Korrigane enchanteresse		LC	156	Mad
Trithemis selika Selys, 1869	Magenta Dropwing	Korrigane charmante		LC	7, 153, 154	Mad
Trithemis hecate Ris, 1912	Silhouette Dropwing	Korrigane sorcière		LC	160	Mad, May, Afr

Nom scientifique / Scientific name	Nom Anglais / English name	Nom Français / French name	Synonymes / Synonyms	Liste rouge / Red List	Figure / Figure	Distribution / Distribution
Trithemis kirbyi Selys, 1891	Orange-winged Dropwing	Korrigane infernale		LC	158	Mad, GCo, Anj, Moh, May, Afr, EAs
Urothemis Brauer, 1868	**Large baskers**	**Lézardeurs**				
Urothemis assignata (Selys, 1872)	Red Basker	Lézardeur rouge		LC	176	Mad, May, Afr
Urothemis edwardsii (Selys in Lucas, 1849)	Blue Basker	Lézardeur prune		LC	175	Mad, May, Reu, Afr
Viridithemis Fraser, 1960	**Greenbolts**	**Basilics**				
Viridithemis viridula Fraser, 1960	Greenbolt	Basilic		LC	202, 203	Mad
Zygonoides Fraser, 1957	**Riverkings**	**Achéronnes**				
Zygonoides lachesis (Ris, 1912)	Madagascar Riverking	Achéronne malgache	*Olpogastra lachesis* Ris, 1912	LC	11, 162, 163	Mad
Zygonyx Selys in Hagen, 1867	**Cascaders**	**Cascatelles**				
Zygonyx elisabethae Lieftinck, 1963	Madagascar Cascader	Cascatelle étoilée		LC	165	Mad
Zygonyx hova (Rambur, 1842)	Madagascar Ringed Cascader	Cascatelle ornée	=? *Z. torridus* (Kirby, 1889)	DD		Mad
Zygonyx luctifer Selys, 1869	Seychelles Cascader	Cascatelle ébène	*Z. luctifera* (incorrect spelling)	DD		Mah, Pra
Zygonyx ranavalonae Fraser, 1949	Mealy Cascader	Cascatelle neigeuse		DD	167	Mad
Zygonyx torridus (Kirby, 1889)	Ringed Cascader	Cascatelle annelée	*Z. torrida* (incorrect spelling); *Z. torridus* (Kirby, 1889) ssp. *insulanus* Pinhey, 1981	LC	168	Anj, May, Mau, Reu, Afr, EAs
Zygonyx viridescens (Martin, 1900)	Dark Cascader	Cascatelle ténébreuse		LC	169, 170	Mad
Zygonyx sp. (probably undescribed)	Comoro Cascader	Cascatelle constellée		NA	166	Anj, Moh, May
Zyxomma Rambur, 1842	**Duskdarters**	**Noctambules**				
Zyxomma petiolatum Rambur, 1842	Dingy (or Long-tailed) Duskdarter	Noctambule élégante		LC	181	Mau, Reu, Mah, Pra, LDi, EAs

RÉFÉRENCES / REFERENCES

1. **Aguesse, P. 1967.** Nouveaux *Protolestes* Förster, 1899 de Madagascar (Odonata; Zygoptera). *Deutsche Entomologische Zeitschrift, neue folge*, 14: 277-284.
2. **Aguesse, P. 1968.** Zygoptères inédits de Madagascar [Odon.]. *Annales de la Société Entomologique de France, nouvelle série*, 4: 649-670.
3. **Anderson, R. C. 2009.** Do dragonflies migrate across the western Indian Ocean? *Journal of Tropical Ecology*, 25: 347-358.
4. **Blackman, R. A. A. & Pinhey, E. 1967.** Odonata of the Seychelles and other Indian Ocean island groups, based primarily on the Bristol University Expedition of 1964-1965. *Arnoldia*, 3: 1-38.
5. **Butler, S. G. 2003.** The larva of *Phyllomacromia trifasciata* (Rambur, 1842) (Anisoptera: Macromiidae). *Odonatologica*, 32: 159-163.
6. **Butler, S. G. 2003.** The larva of *Isomma hieroglyphicum* Selys, 1892 (Anisoptera: Gomphidae). *Odonatologica*, 32: 79-84.
7. **Butler, S. G. 2004.** The larva of *Onychogomphus aequistylus* Selys, 1892 (Anisoptera: Gomphidae). *Odonatologica*, 33: 189-194.
8. **Bybee, S. M., Kalkman, V. J., Erickson, R. J., Frandsen, P. B., Breinholt, J. W., et al. 2021.** Phylogeny and classification of Odonata using targeted genomics. *Molecular Ecology and Evolution*, 160: 107155.
9. **Cammaerts, R. 1987.** Taxonomic studies on African Gomphidae (Anisoptera) 1. *Malgassogomphus robinsoni* gen. nov., spec. nov. from Madagascar. *Odonatologica*, 16: 335-346.
10. **Carfi, S. & Terzani, F. 1991.** Some Odonata from Madagascar. *Notulae Odonatologicae*, 3: 113-114.
11. **Clausnitzer, V. & Martens, A. 2004.** Critical species of Odonata in the Comoros, Seychelles, Mascarenes and other small western Indian Ocean islands. *International Journal of Odonatology*, 7: 207-218.
12. **Clausnitzer, V., Kalkman, V. J., Ram, M., Collen, B., Baillie, J. E. M., et al. 2009.** Odonata enter the biodiversity crisis debate: The first global assessment of an insect group. *Biological Conservation*, 142: 1864-1869.
13. **Clausnitzer, V., Dijkstra, K.-D. B., Koch, R., Boudot, J.-P., Darwall, W. R. T., Kipping, J., Samraoui, B., Samways, M. J., Simaika, J. P. & Suhling, F. 2012.** Focus on African freshwaters: Hotspots of dragonfly diversity and conservation concern. *Frontiers in Ecology and the Environment*, 10: 129-134.
14. **Corbet, P. S. 1999.** *Dragonflies: Behaviour and ecology of Odonata*. Harley Books, Colchester.
15. **Couteyen, S. 2006.** Effets de l'introduction de la truite arc-en-ciel (*Oncorhynchus mykiss* Walbaum, 1792) sur les populations larvaires de deux espèces de Zygoptères

de l'île de la Réunion. *Martinia*, 22: 55-63.
16. **Couteyen, S. 2006.** Evolution de la taille de *Coenagriocnemis reuniensis* Fraser, 1957, en fonction de l'altitude à l'île de la Réunion (Odonata, Coenagrionidae). *Bulletin de la Société Entomologique de France*, 111: 439-444.
17. **Couteyen, S. 2009.** Biogéographie et spéciation des Odonates de l'île de la Réunion. *Annales de la Société Entomologique de France*, nouvelle série, 45: 83-91.
18. **Couteyen, S. & Papazian, M. 2002.** Les Odonates de la Réunion. Eléments de biogéographie et de biologie, atlas préliminaire, reconnaissance des espèces, synthèse bibliographique. *Martinia*, 18: 79-106.
19. **Couteyen, S. & Papazian, M. 2009.** *Gynacantha comorensis* n. sp., une libellule nouvelle de l'île de Mayotte (Odonata Aeshnidae). *L'Entomologiste*, 65: 113-116.
20. **Couteyen, S. & Papazian, M. 2012.** Catalogue et affinités géographiques des Odonata des îles voisines de Madagascar (Insecta: Pterygota). *Annales de la Société Entomologique de France*, nouvelle série, 48: 199-215.
21. **Crewe, M. & Cohen, C. 2009.** *Viridithemis viridula* (Fraser, 1960) – discovery of the first known male. *Agrion*, 13: 54-55.
22. **Darwall, W. R. T., Holland, R. A., Smith, K. G., Allen, D. J., Brooks, E. G. E., et al. 2011.** Implications of bias in conservation research and investment for freshwater species. *Conservation Letters*, 4: 474-482.
23. **Dijkstra, K.-D. B. 2004.** Odonates. In La faune terrestre de l'archipel des Comores, eds. M. Louette, D. Meirte & R. Jocqué. *Studies in Afrotropical Zoology*, 293: 251-252.
24. **Dijkstra, K.-D. B. 2007.** Gone with the wind: Westward dispersal across the Indian Ocean and island speciation in *Hemicordulia* dragonflies (Odonata: Corduliidae). *Zootaxa*, 1438: 27-48.
25. **Dijkstra, K.-D. B. In press.** Odonata, dragonflies, damselflies. In *The new natural history of Madagascar*, ed. S. M. Goodman. Princeton University Press, Princeton.
26. **Dijkstra, K.-D. B. & Clausnitzer, V. 2004.** Critical species of Odonata on Madagascar. *International Journal of Odonatology*, 7: 219-228.
27. **Dijkstra, K.-D. B. & Clausnitzer, V. 2014.** The dragonflies and damselflies of eastern Africa: Handbook for all Odonata from Sudan to Zimbabwe. *Studies in Afrotropical Zoology*, 298: 1-260.
28. **Dijkstra, K.-D. B., Clausnitzer, V. & Martens, A. 2007.** Tropical African *Platycnemis* damselflies (Odonata: Platycnemididae) and the biogeographical significance of a new species from Pemba Island, Tanzania. *Systematics & Biodiversity*, 5: 187-198.
29. **Dijkstra, K.-D. B., Bechly, G., Bybee, S. M., Dow, R. A., Dumont, H. J., et al. 2013.** The classification and diversity of dragonflies and damselflies (Odonata). *Zootaxa*, 3703: 36-45.

30. Dijkstra, K.-D. B., Kalkman, V. J., Dow, R. A., Stokvis, F. R. & van Tol, J. 2014. Redefining the damselfly families: A comprehensive molecular phylogeny of Zygoptera (Odonata). *Systematic Entomology*, 39: 68-96.
31. Donnelly, T. W. & Parr, M. J. 2003. Odonata, dragonflies and damselflies. In *The natural history of Madagascar*, eds. S. M. Goodman & J. P. Benstead, pp. 645-654. The University of Chicago Press, Chicago.
32. Fleck, G. & Legrand, J. 2006. La larve du genre *Nesocordulia* McLachlan, 1882 (Odonata, Anisoptera, 'Corduliidae'). Conséquences phylogénétiques. *Revue Française d'Entomologie*, 28: 31-40.
33. Fleck, G. & Legrand, J. 2013. Notes on the genus *Libellulosoma* Martin, 1906, and related genera (Odonata: Anisoptera: Corduliidae). *Zootaxa*, 3745: 579-586.
34. Fraser, F. C. 1956. Insectes Odonates Anisoptères. *Faune de Madagascar*, 1: 1-125.
35. García, G. & Dijkstra, K.-D. B. 2004. Odonata collected in the Ankarafantsika Forest, Madagascar. *IDF-Report*, 6: 7-22.
36. Gauthier, A. 1988. Les *Anax* de Madagascar, avec la description d'une nouvelle espèce: *A. mandrakae* n. sp. (Odonata: Aeshnidae). *Bulletin de la Société d'Histoire Naturelle de Toulouse*, 124: 191-195.
37. Harper, G. J., Steininger, M. K., Tucker, C. J., Juhn, D. & Hawkins, F. 2007. Fifty years of deforestation and forest fragmentation on Madagascar. *Environmental Conservation*, 34: 325-333.
38. Hyde-Roberts, S., Barker, L., Chmurova, L., Dijkstra, K.-D. B. & Schütte, K. 2019. Rediscovery of *Libellulosoma minutum* in the littoral forests of southeast Madagascar (Odonata: Corduliidae). *Notulae Odonatologicae*, 9: 125-133.
39. Kalkman, V. J., Clausnitzer, V., Dijkstra, K.-D. B., Orr, A. G., Paulson, D. R. & van Tol, J. 2008. Global diversity of dragonflies (Odonata; Insecta) in freshwater. *Hydrobiologia*, 595: 351-363.
40. Legrand, J. 1992. Un nouveau Zygoptère de Madagascar *Tatocnemis virginiae* n.sp. [Odonata, Megapodagrionidae]. *Revue Française d'Entomologie, nouvelle série*, 14: 25-28.
41. Legrand, J. 2001. *Malgassophlebia mayanga* (Ris, 1909) et une nouvelle espèce du genre à Madagascar (Odonata, Anisoptera, Libellulidae). *Revue Française d'Entomologie, nouvelle série*, 23: 225-236.
42. Legrand, J. 2001. Ordre des Odonates. In *Biodiversité et biotypologie des eaux continentales de Madagascar*, eds. J.-M. Elouard & F.-M. Gibon, pp. 113-130. IRD, CNRE, LRSAE, Montpellier.
43. Legrand, J. 2003. Sur le genre malgache *Isomma, I. hieroglyphicum* Selys, mâle, femelle, larve et description d'une nouvelle espèce (Odonata, Anisoptera, Gomphidae, Phyllogomphinae). *Revue*

44. **Levasseur, M. 2007.** Odonates nouveaux pour l'île d'Anjouan, description d'une nouvelle sous-espèce de *Paragomphus genei* (Selys, 1841) (Archipel des Comores). *Martinia*, 23: 115-126.
45. **Lieftinck, M. A. 1963.** The type of *Libellula hova* Rambur, 1842, with notes on the other species of *Zygonyx* Selys from Madagascar. *Verhandlungen der naturforschenden Gesellschaft in Basel*, 74: 53-61.
46. **Lieftinck, M. A. 1965.** Notes on Odonata of Madagascar, with special reference to the Zygoptera and with comparative notes on other faunal regions. *Verhandlungen der naturforschenden Gesellschaft von Basel*, 76: 229-256.
47. **Lohmann, H. 1980.** Zur Taxonomie einiger *Crocothemis*-Arten, nebst Beschreibung einer neuen Art von Madagaskar (Anisoptera: Libellulidae). *Odonatologica*, 10: 109-116.
48. **Martens, A. 2001.** Oviposition of *Coenagriocnemis reuniensis* (Fraser) in volcanic rock as an adaptation to an extreme running water habitat (Zygoptera: Coenagrionidae). *Odonatologica*, 30: 103-109.
49. **Martens, A. 2015.** Alternative oviposition tactics in *Zygonyx torridus* (Kirby) (Odonata: Libellulidae): Modes and sequential flexibility. *International Journal of Odonatology*, 18: 71-80
50. **Mens, L. P., Schütte, K., Stokvis, F. R. & Dijkstra, K.-D. B. 2016.** Six, not two, species of *Acisoma* pintail dragonfly (Odonata: Libellulidae). *Zootaxa*, 4109: 153-172.
51. **Pinhey, E. 1964.** Dragonflies of the genus *Pseudagrion* Selys collected by F. Keiser on Madagascar. *Verhandlungen der naturforschenden Gesellschaft von Basel*, 75: 140-149.
52. **Rambur, J. P. 1842.** *Histoire naturelle des insectes. Neuroptères*. Roret, Paris.
53. **Samonds, K. E., Godfrey, L. R., Ali, J. R., Goodman, S. M., Vences, M., Sutherland, M. R., Irwin, M. T. & Krause, D. W. 2012.** Spatial and temporal arrival patterns of Madagascar's vertebrate fauna explained by distance, ocean currents, and ancestor type. *Proceedings of the National Academy of Sciences, USA*, 109: 5352-5357.
54. **Samways, M. J. 2003.** Conservation of an endemic odonate fauna in the Seychelles archipelago. *Odonatologica*, 32: 177-182.
55. **Samways, M. J. 2003.** Threats to the tropical island dragonfly fauna (Odonata) of Mayotte, Comoro archipelago. *Biodiversity and Conservation*, 12: 1785-1792.
56. **Schmidt, E. 1951.** The Odonata of Madagascar, Zygoptera. *Mémoires de l'Institut Scientifique de Madagascar, série A*, 6: 116-283.
57. **Schmidt, E. 1966.** *Die Libellen der Insel Madagascar (Odonata), Teil I. Zygoptera*. Private publication, Bonn.
58. **Schütte, K. & Razafindraibe, P. 2007.** Checklist of dragonflies of the littoral forests near Tolagnaro (Fort Dauphin). In *Biodiversity,*

ecology and conservation of littoral ecosystems in southeastern Madagascar, Tolagnaro (Fort Dauphin), eds. J. U. Ganzhorn, S. M. Goodman & M. Vincelette, pp. 163-165. Smithsonian Institution, Monitoring and Assessment of Biodiversity Series 11, Washington, D. C.

59. **Schütte, K., Dijkstra, K.-D. B., Darwall, W. & Máiz-Tomé, L. 2018.** The status and distribution of Odonata. In *The status and distribution of freshwater biodiversity in Madagascar and the Indian Ocean islands hotspot*, eds. L. Máiz-Tomé, C. Sayer, & W. Darwall, pp. 75-88. IUCN, Gland.

60. **Suhling, F., Sahlén, G., Gorb, S., Kalkman, V. J., Dijkstra, K.-D. B. & van Tol, J. 2015.** Order Odonata. In *Thorp and Covich's freshwater invertebrates: Ecology and general biology*, eds. J. H. Thorp & D. C. Rogers, pp. 893-932. Academic Press, Cambridge, Massachusetts.

61. **Vorster, C., Samways, M. J., Simaika, J. P., Kipping, J., Clausnitzer, V., Suhling, F. & Dijkstra, K.-D. B. 2020.** Development of a new continental-scale index for freshwater assessment based on dragonfly assemblages. *Ecological Indicators*, 109: 105819.

62. **Wilmé, L., Goodman, S. M. & Ganzhorn, J. 2006.** Biogeographic evolution of Madagascar's microendemic biota. *Science*, 312: 1063-1065.

INDEX / INDEX

A
Aciagrion 14, 74, 75
   gracile 73
   inaequistigma 72, 73, 170
Acisoma 163
   ascalaphoides 15, 17, 18, 27, 164, 165, 177, 178
   attenboroughi 164, 178
   panorpoides 164, 178
   variegatum 164, 165, 178
Aeschnosoma 110
Aethiothemis 121, 122
   modesta 123, 178
Aethriamanta 145
   rezia 148, 178
Africalestes 49, 51
Africallagma 15, 70, 74, 75, 170
   glaucum 14, 72, 171
   rubristigma 21, 71, 171
Agriocnemis 75
   exilis 76, 77, 171
   gratiosa 76, 77, 171
   merina 77, 171
   pygmaea 76, 171
Allolestes 48, 53
   maclachlanii 13, 14, 55, 67, 167
Amanipodagrion 48, 49
Amphiallagma
   parvum 70
Anaciaeschna 47, 166, 174
   triangulifera 94, 95, 175
Anax
   ephippiger 93, 175
   guttatus 94, 175
   imperator 92, 93, 175
   mandrakae 91, 175
   tristis 90, 91, 175
   tumorifer 12, 91, 92, 93, 175
Archaeophlebia 47, 128
   martini 129, 130

Argiocnemis
   solitaria 77
Azuragrion 72, 74, 75, 87
   kauderni 9, 70, 71, 76, 171

B
Brachythemis
   leucosticta 150, 151, 152, 178

C
Calophlebia 128
   interposita 126, 178
   karschi 8, 126, 127, 178
Celebothemis 137
Ceratogomphus 102
Ceriagrion 85
   auritum 86, 171
   glabrum 86, 171
   madagazureum 61, 87, 171
   nigrolineatum 87, 171
   oblongulum 86
   suave 46, 166, 171
Chalcostephia 124
   flavifrons 12, 121, 122 178
   spinifera 122, 178
Ciliagrion
   madagascariense 169
Coenagriocnemis 171
   insularis 14, 15, 74, 75, 172
   ramburi 13, 14, 18, 19, 73, 74, 172
   reuniensis 14, 15, 18, 19, 75, 172
   rufipes 14, 15, 74, 172
Cornigomphus 100, 101
Crocothemis 155
   divisa 154, 178
   erythraea 152, 153, 154, 178
   sanguinolenta 46, 47, 153, 154, 166
   striata 153, 154, 178

D

Diplacodes 47, 166
   exilis 157, 158, 178
   lefebvrei 179
   lefebvrii 12, 156, 157, 158, 179
   luminans 155, 156, 159, 179
   tetra 156, 179
   trivialis 158, 179

E

Eleuthemis 128, 129
Enallagma 70, 170
   glaucum 171
   nigridorsum 171
   rubristigma 171
Erythemis 163

G

Gynacantha 23, 24, 98, 150
   bispina 14, 15, 96, 97, 175
   comorensis 13, 97, 175
   hova 95, 96, 97, 175
   immaculifrons 97
   malgassica 97, 175
   manderica 96
   radama 95, 96, 175
   stylata 15, 97, 175
   villosa 96

H

Hadrothemis 112
Hemianax
   ephippiger 93, 175
Hemicordulia 103, 110, 111
   africana 104, 105
   atrovirens 14, 15, 18, 19, 106, 177
   delicata 177
   similis 8, 105, 106, 177
   virens 14, 15, 106, 177
Hemistigma 121, 122, 124
   affine 11, 123, 179
   affinis 179
   albipunctum 12, 123, 179
   ouvirandrae 179

I

Idomacromia 103, 104, 108, 109
Ischnura 75
   filosa 21, 69, 172
   senegalensis 68, 69, 70, 172
   vinsoni 14, 15, 18, 19, 70, 172
Isomma 47, 100, 101, 166, 175
   elouardi 102, 176
   hieroglyphicum 102, 176
   robinsoni 102, 176

L

Leptocnemis
   cyanops 13, 14, 18, 19, 55, 67, 172
Lestes 48, 49
   aldabrensis 167
   auripennis 17, 18, 52, 167
   ochraceus 50, 51, 167
   pruinescens 52, 167
   silvaticus 52, 167
   simulator 167
   simulatrix 51, 167
   unicolor 50, 167
Libellulosoma 90, 103, 104, 109
   minuta 176
   minutum 110, 176
Lokia 123
   modesta 178
Libyogomphus 100, 101

M

Macrodiplax 145
   cora 147, 179
Macromia 106, 107, 177
Malgassogomphus 175
   robinsoni 102, 103, 176
Malgassophlebia 24, 47, 109, 110, 128, 131, 166
   mayanga 130, 179
   mediodentata 130, 179
Metacnemis
   secundaris 169

Millotagrion
  inaequistigma 72, 73, 170
Mombagrion 73, 170

N

Neodythemis 109, 110, 127
  arnoulti 124, 125, 179
  hildebrandti 124, 125, 179
  pauliani 124, 125, 179
  trinervulata 124, 125, 180
Neophlebia 128, 181
Neophya 103, 104
Nesocordulia 47, 90, 99, 100, 103, 104, 109
  flavicauda 108, 176
  malgassica 108, 177
  mascarenica 108, 177
  rubricauda 108, 177
  spinicauda 108, 177
  villiersi 13, 107, 108, 177
Nesolestes 11, 12, 26, 31, 33, 47, 48, 49, 50, 55, 57, 59, 166
  albicauda 167
  albicolor 56, 167
  alboterminatus 56, 167
  angydna 167
  drocera 167
  elisabethae 167
  forficuloides 167
  mariae 167
  martini 167
  pauliani 13, 53, 168
  pulverulans 168
  radama 168
  ranavalona 54, 168
  robustus 168
  rubristigma 168
  tuberculicollis 168
Neurolestes 48

O

Olpogastra 137
  lachesis 183
  lugubris 138
Onychargia 66
Onychogomphus
  aequistylus 100, 101, 176
  flavifrons 176
  vadoni 101, 176
Oreoxenia 179
Orthetrum 31, 33, 113
  abbotti 12, 116, 180
  azureum 7, 114, 115, 123, 180
  brachiale 46, 47, 118, 166, 180
  caffrum 46, 47, 115, 166
  chrysostigma 46, 47, 115, 166
  icteromelan 180
  icteromelas 117, 180
  julia 118, 180
  lemur 118, 119, 120, 180
  lugubre 13, 18, 19, 115, 116, 180
  malgassicum 7, 116, 117, 180
  stemmale 118, 119, 180
  trinacria 120, 121, 136, 180
  wrightii 119, 180

P

Palpopleura 160
  lucia 161, 162, 180
  vestita 161, 180
Pantala 143, 144, 180
  flavescens 16, 17, 142, 181
Paracnemis 48
  alluaudi 66, 169
  secundaris 66, 169
Paragomphus
  fritillarius 100, 101, 176
  genei 11, 13, 99, 176
  madegassus 7, 11, 13, 99, 100, 176
  ndzuaniensis 99, 176
  obliteratus 99, 100, 176
  z-viridum 99, 100, 176
Paralestes 49, 52
Parazyxomma 148, 149, 151
  flavicans 150, 152, 181

Pentathemis 110
Phaon
   iridipennis 12, 88, 168
   rasoherinae 47, 89, 168
Philonomon 178
   luminans 156, 179
Phyllogomphus 102
Phyllomacromia 106, 107, 108, 177
   trifasciata 12, 99
Platycnemis 61, 63, 169
   mauriciana 18, 19
Podolestes 48, 49
Proplatycnemis 11, 12, 26, 28, 47, 61, 166, 169
   agrioides 13, 18, 19, 65, 170
   alatipes 63, 65, 170
   aurantipes 65, 170
   hova 62, 65, 170
   longiventris 64, 170
   malgassica 62, 64, 170
   melanus 65, 170
   pallidus 63, 170
   protostictoides 64, 170
   pseudalatipes 63, 170
   sanguinipes 64, 65, 170
Protolestes 10, 11, 12, 26, 47, 48, 49, 50, 55, 56, 166, 169
   fickei 58, 168
   furcatus 57, 168
   kerckhoffae 57, 59, 168
   leonorae 57, 58, 168
   milloti 57, 168
   proselytus 58, 59, 168
   rufescens 57, 168
   simonei 57, 168
Pseudagrion 11, 12, 24, 28, 47, 53, 55, 61, 77, 166
   alcicorne 82, 83, 172, 173
   ambatoroae 83, 173
   ampolomitae 84, 173
   apicale 84, 173
   approximatum 83, 173
   cheliferum 173
   chloroceps 173
   deconcertans 173
   digitatum 173
   dispar 80, 173
   divaricatum 8, 84, 173
   giganteum 173
   hamulus 83, 173
   igniceps 173
   lucidum 84, 173
   macrolucidum 173
   malgassicum 21, 79, 80, 85, 173
   massaicum 80, 172
   mellisi 81
   merina 174
   mohelii 79, 172
   nigripes 174
   olsufieffi 174
   pontogenes 13, 65, 81, 174
   pterauratum 174
   pterauratus 174
   punctum 78, 172
   renaudi 84, 174
   seyrigi 81, 174
   simile 174
   stuckenbergi 174
   sublacteum 79, 172
   tinctipenne 174
   tinctipennis 174
   trigonale 174
   ungulatum 174
   vakoanae 174
Pseudophlebia 179

R
Rhodothemis 163
Rhyothemis 145, 161
   cognata 160, 181
   semihyalina 159, 160, 181

S
Seychellibasis 88, 174
Sympetrum
   fonscolombei 181
   fonscolombii 14, 15, 155, 181

Syncordulia 103, 104

T

Tatocnemis 10, 11, 12, 13, 47, 48, 49, 50, 55, 56, 57, 59, 166
  crenulatipennis 169
  denticularis 169
  emarginatipennis 169
  malgassica 60, 169
  mellisi 169
  micromalgassica 169
  olsufieffi 169
  robinsoni 169
  sinuatipennis 169
  virginiae 169
Teinobasis 61, 87
  alluaudi 14, 88, 174
  berlandi 174
Tetrathemis 126
  polleni 8, 127, 128, 181
Thalassothemis 15, 131, 133, 134
  marchali 14, 136, 181
Thermorthemis 114
  comorensis 13, 18, 19, 113, 181
  madagascariensis 9, 111, 112, 113, 182
Tholymis 148, 150, 151
  tillarga 149, 182
Tramea 142, 154
  basilaris 143, 182
  limbata 144, 182
  madagascariensis 182
Trapezostigma 182
Trithemis 14, 131, 45, 154, 155
  annulata 132, 134, 182
  arteriosa 135, 182
  furva 46, 47, 132, 133, 166
  haematina 134, 182

  hecate 132, 133, 136, 182
  kirbyi 135, 183
  lateralis 182
  maia 13, 132, 182
  persephone 132, 133, 134, 182
  selika 8, 132, 133, 134, 182
  stictica 133, 166

U

Urothemis 145
  assignata 146, 183
  edwardsii 146, 183
  luciana 146

V

Viridithemis 163
  viridula 162, 183

X

Xerolestes 49, 51

Z

Zosteraeschna 95
Zygonoides
  lachesis 9, 137, 183
Zygonyx 13, 22, 47, 134, 137, 166
  elisabethae 11, 21, 139, 141, 183
  hova 15, 16, 140, 183
  insulanus 183
  luctifer 15, 18, 19, 138, 183
  luctifera 138, 183
  natalensis 139
  ranavalonae 140, 183
  torrida 183
  torridus 140, 183
  viridescens 141, 183
Zyxomma 148, 150, 151
  petiolatum 149, 183